OZONO: TECNOLOGÍA VIVA

CURSO PROFESIONAL DE LA INDUSTRIA DEL OZONO

DIRECCIÓN – REDACCIÓN

María del Mar Pérez Calvo
Doctor en CC. Biológicas. Director Técnico de Cosemar Ozono

PROFESORADO

Ángel Manuel Sereno Marchante
Director General de Cosemar Ozono

Luis Javier Ruiz Martín Peñasco
Licenciado en CC. Biológicas. Director Comercial de Cosemar Ozono

Abdoulaye Diallo
Ingeniero Técnico Industrial de Cosemar Ozono

Ozono: tecnología viva
Authored by Mar Pérez Calvo

ISBN-13: 9781544834443
ISBN-10: 1544834446

ÍNDICE

1. HISTORIA DEL OZONO

El ozono es el primer alótropo de un elemento químico que fue identificado por la ciencia, a pesar de que en realidad, a fecha de hoy, no se puede asegurar quién fue su descubridor original, siendo varios los candidatos. Algunos estudios apuntan a que fueron los químicos Charles Fabry y Henri Buisson quienes descubrieron en 1913 la capa de ozono; sin embargo, mucho antes, en 1785, el químico holandés Martinus van Marum notó un olor extraño mientras estaba llevando a cabo sus experimentos, y atribuyó este olor a las reacciones eléctricas, sin darse cuenta de que en realidad había generado ozono.

Cosa de medio siglo más tarde, Christian Friedrich Schönbein percibió el mismo olor acre y lo reconoció como el olor que se apreciaba a menudo en las tormentas eléctricas después de la caída de un rayo. En 1839 logró aislar el compuesto gaseoso que producía este olor y lo llamó **ozon** (en alemán), de la palabra griega *ozein* (ὄζειν), "tener olor". Por esta razón, Schönbein es generalmente reconocido por el descubrimiento del ozono. La fórmula para el ozono, O_3, no fue determinada hasta 1865 por Jacques-Louis Soret y confirmada por Schönbein en 1867.

Durante gran parte de la segunda mitad del siglo XIX y hasta bien entrado el siglo XX, el ozono se consideraba un componente saludable del medio ambiente por los naturalistas y clínicas de salud. La localidad de Beaumont, California, tuvo como lema oficial: *Beaumont: Zona de Ozono*, como evidencian las postales y el encabezamiento de las cartas de la Cámara de Comercio. Los naturalistas que trabajaban al aire libre a menudo consideraban las elevaciones más altas beneficiosas para la salud debido a su contenido en ozono. «*Hay una atmósfera muy diferente [en la cota más alta] con suficiente ozono para mantener la energía necesaria [para trabajar]*», escribió el naturalista Henry Henshaw, trabajando en Hawái. Asimismo, se creía que el aire marino era más saludable por su contenido de ozono, aunque en la actualidad se sabe que el olor que da lugar a esta creencia es, de hecho, la de los metabolitos de las algas halogenadas.

Incluso Benjamín Franklin pensaba que la presencia del cólera estaba relacionada con la deficiencia o falta de ozono en la atmósfera, una opinión compartida por la Asociación Británica de Ciencia (British Science Association).

En cuanto a su uso como biocida, se empezó a utilizar en desinfección de agua, en las estaciones de potabilización. De hecho, la primera planta potabilizadora de agua que contaba con ozono en sus instalaciones se construyó en Mónaco en 1860, para después pasar a ser utilizado en:

- Ousdhoorn, Holanda, (1893)
- París, Francia (1898)
- Wiesbaden, Alemania (1901)
- Niágara Falls, EE.UU. (1903)
- San. Petersburgo, Rusia (1905)
- Madrid, España (1910)

En la ciudad de Niza, Francia, se ha utilizado ininterrumpidamente desde 1906.

En el año 1917 estalla la primera guerra mundial y se descubre el potencial de los gases como armamento. A partir de ese momento se empieza a investigar cómo fabricarlos de manera económica para poder utilizarlos en el campo de batalla. El cloro y otros gases letales se producían para provocar bajas masivas al enemigo.

Después de la guerra, se vio que el cloro podía ser utilizado como desinfectante del agua a un costo menor que el ozono. Con el paso de los años se hicieron patentes los riesgos que, para la salud, implicaban los subproductos del cloro. A partir de ese momento, se empezó a instaurar de nuevo el uso del ozono en la potabilización de agua para consumo humano, gracias también al abaratamiento de los costes de su generación debido a los avances tecnológicos que se han producido en poco tiempo.

En la actualidad, en la mayoría de los países industrializados se tiene garantizada la calidad del agua que sale del grifo gracias al tratamiento previo que recibe, como decíamos, fundamentalmente a partir del hipoclorito de sodio. El uso generalizado de este producto ha hecho posible que se haya extendido la disponibilidad de agua potable. Sin embargo, hoy en día, las mayores exigencias de la sociedad y los avances científicos, ponen más alto el listón y ya no nos basta con disponer de agua potable sino que queremos que ésta tenga la máxima calidad.

En particular, el país que emplea el hipoclorito de forma más sistematizada y a elevada concentración es EEUU. En Europa, todos los países mediterráneos y el Reino Unido emplean el hipoclorito para el tratamiento del agua potable, (aunque en nuestro país ya hay varias Comunidades que usan el ozono en las ETAP[1], mientras que los países nórdicos y Alemania rechazan el aroma y sabor que confiere el cloro.

---

[1] Estaciones de Tratamiento de Agua Potable

De acuerdo con la normativa comunitaria vigente, es necesario controlar la concentración de trihalometanos (THM) en el agua potable, sustancias que se forman al reaccionar la materia orgánica con el cloro utilizado en la potabilización, y que poseen potenciales niveles de toxicidad. De hecho, muchos trihalometanos son considerados peligrosos para la salud y el medio, e incluso carcinógenos. La normativa de la Comunidad Europea establece que no se deben superar los cien microgramos de trihalometanos por litro de agua para el consumo.

En este sentido en algunas localidades, por ejemplo Cáceres, se están realizando modificaciones en la Planta de Tratamiento de Agua Potable para mejorar la calidad del agua y rebajar el índice de trihalometanos con el fin de cumplir con la normativa europea. Posteriormente el objetivo será mejorar el sabor del agua, sustituyendo la cloración por un proceso de ozonización. Igualmente, en otras localidades se va a intentar sustituir la cloración por la ozonización, lo que supone importantes modificaciones en las estaciones potabilizadoras, con el fin de mejorar el tratamiento en cumplimiento de la normativa europea.

En cuanto a su uso en medicina, se conoce como **Ozonoterapia**, y se define como el conjunto de técnicas que utilizan el ozono como agente terapéutico en un gran número de patologías. Es una terapia con pocas contraindicaciones y efectos secundarios mínimos, siempre que se realice correctamente.

La historia de la ozonoterapia, al igual que su descubrimiento, comienza en Alemania. El precursor del uso del ozono con fines terapéuticos fue Werner von Siemens, quien en 1857 construyó el primer tubo de inducción para la destrucción de microorganismos. Los primeros usos se remontan a la Primera Guerra Mundial, cuando fue utilizado como antiséptico local para tratar heridas de guerra. Posteriormente se extendió por todo el mundo, aumentando sus usos. A partir de la Segunda Guerra Mundial, se prohibió su empleo en EEUU para todas las indicaciones en que competía con los nuevos medicamentos. En Europa encuentra aceptación dentro de la Medicina Naturista.

Fueron los rusos quienes aceleraron las investigaciones de esta nueva medicina y transfirieron los conocimientos a los países aliados. Aunque también se expandió en el resto del mundo, sobre todo después de la II Guerra Mundial.

Hasta los años 80, la ozonoterapia únicamente se extendió entre médicos homeópatas, siendo ignorada por la medicina tradicional o alopática, debido a la falta de investigación básica y a los pocos estudios controlados de su eficacia.

Diversos Centros Universitarios en Cuba, Europa, Rusia, Polonia y China, comenzaron entonces a investigar los efectos fisiológicos del ozono en el organismo, y algunos Hospitales Universitarios y Privados iniciaron estudios controlados de su eficacia. Así, en la actualidad, los sistemas sanitarios van autorizando y regulando la aplicación de esta terapia en el entorno de la medicina tradicional.

En España comienza su utilización en los años 60, existiendo una primera referencia bibliográfica en 1963. No obstante, la extensión de su empleo dentro de la medicina alopática se produce en 1999, tras la decisión de algunos especialistas médicos de su uso para el tratamiento de la hernia discal. Posteriormente se evalúan otras aplicaciones y su empleo se va extendiendo, a pesar de las enormes implicaciones que esto supone.

En el año 2011 el Ministerio de Sanidad incluyó la ozonoterapia en la cartera de servicios de la Unidades de dolor. Ya se está utilizando en un tercio de las mismas. Asimismo, Unidades de pie diabético de hospitales públicos y privados también han incorporado esta terapia a su arsenal.

El reciente documento sobre Estándares y Recomendaciones de las Unidades del Dolor publicado por el Ministerio de Sanidad (2011), incluye ya la ozonoterapia dentro de la cartera de servicios. (Tabla 5.1. *Cartera de procedimientos de la UTD*, dentro de "Procedimientos quirúrgicos: Ozonoterapia: infiltración y discólisis". Pg. 41; y Tabla 5.2. *Cartera de procedimientos más frecuentes en las UTD Tipo II,* dentro de "Procedimientos: Ozonoterapia", pg.42)

http://www.seot.es/sites/default/files/Unidades%20del%20Dolor.pdf

No ha sido fácil la inclusión de esta técnica, y el precio ha sido mantener la coletilla de *falta de suficiente evidencia,* a pesar del último meta-análisis publicado en abril de 2010 en el *Journal of Vascular and Interventional Radiology.* No obstante, se trata de un importante paso adelante y es de suponer que en la próxima revisión del documento se pueda eliminar este comentario, a la vista de toda la evidencia que ya existe y de la que, a buen seguro, se va a publicar en ese tiempo.

2. QUÉ ES EL OZONO

El ozono (O_3) es una sustancia cuya molécula está compuesta por tres átomos de oxígeno, formada al disociarse los dos átomos que componen el gas de oxígeno. Cada átomo de oxígeno liberado se une a otra molécula de oxígeno gaseoso (O_2), formando moléculas de ozono (O_3).

A temperatura y presión ambientales el ozono es un gas de olor acre y generalmente incoloro, pero en grandes concentraciones puede volverse ligeramente azulado. Si se respira en grandes cantidades, puede provocar una irritación en los ojos o la garganta, la cual suele pasar después de respirar aire fresco durante algunos minutos.

2.1. FICHA TÉCNICA: CARACTERIZACIÓN

Identificación	
Nombre químico	ozono
Masa molecular relativa	48 g/L
Volumen molar	22,4 m^3 PTN/Kmol
Fórmula empírica	O_3
Número de registro CAS	10028-15-6
Referencia EINECS	233-069-2
Densidad (gas)	2,144 g/L a 0ºC
Densidad (líquido)	1,574 g/cm^3 a - 183ºC
Temperatura de condensación a 100kPa	-112ºC
Temperatura de fusión	-196ºC
Punto de ebullición	-110,5ºC
Punto de fusión	-251,4ºC
Temperatura crítica	-12ºC
Presión crítica	54 atms.
Densidad relativa frente al aire	1,3 veces más pesado que el aire
Inestable y susceptible de explosionar fácilmente	Líquido −112ºC Sólido −192ºC
Equivalencia	1 ppm = 2 mg/m^3

La función más conocida del ozono es la de protección frente a la peligrosa radiación ultravioleta del sol; pero también es un potente oxidante y desinfectante con gran variedad de utilidades. La más destacada es la desinfección de aguas.

Se trata de un gas azul pálido e inestable, que a temperatura ambiente se caracteriza por un olor picante, perceptible a menudo durante las tormentas eléctricas, así como en la proximidad de equipos eléctricos. A una temperatura de –112ºC condensa a un líquido azul intenso. En condiciones normales de presión y temperatura, el ozono es trece veces más soluble en agua que el oxígeno, pero debido a la mayor concentración de oxígeno en aire, éste se encuentra disuelto en el agua en mayor medida que el ozono.

La molécula presenta una estructura angular, con una longitud de enlace oxígeno-oxígeno de 1,28 Å; se puede representar de la siguiente manera:

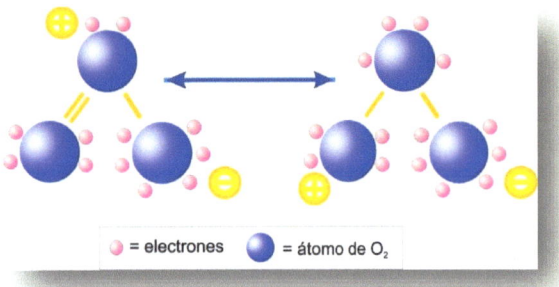

Estructura del ozono (O_3): es una forma alotrópica del oxígeno producida por la activación de la molécula de O_2 en una reacción endotérmica.

Debido a la inestabilidad del compuesto, en este tipo de aplicaciones, éste debe ser producido en el sitio de aplicación mediante unos generadores. El funcionamiento de estos aparatos es sencillo: pasan una corriente de oxígeno a través de dos electrodos. De esta manera, al aplicar un voltaje determinado, se provoca una corriente de electrones en el espacio delimitado por los electrodos, que es por el cual circula el gas. Estos electrones provocarán la disociación de las moléculas de oxígeno que posteriormente formarán el ozono.

Al estar compartiendo los electrones entre tres átomos en lugar de entre dos, la molécula resultante es muy inestable, y tiende a captar electrones de cualquier compuesto que se le aproxime para recuperar su estabilidad; es decir, **es un oxidante fuerte**. De ahí sus extraordinarias propiedades biocidas, desodorantes y de destrucción de compuestos químicos: al captar electrones de otras moléculas, oxidándolas, las desestabiliza hasta el punto de destruirlas si la concentración de ozono y/o el tiempo de contacto es suficiente.

Vida media: el ozono, como decíamos, es una molécula inestable que revierte rápidamente en oxígeno biatómico. La vida media (tiempo en el que la mitad del ozono del aire se descompone) es de 20-60 minutos, dependiendo de la temperatura y la humedad del aire ambiente. La vida media en agua es aproximadamente la misma, aunque depende mucho de la temperatura, pH y calidad del agua.

2.2. OZONO NATURAL

El ozono está presente en dos niveles de la atmósfera: en las proximidades del suelo, en la baja troposfera (capa que puede alcanzar hasta los 17 km de altura), y en niveles altos, en la estratosfera (con espesores típicos entre los 20 y los 50 km).

En ambos casos su formación y destrucción son fenómenos fotoquímicos.

Cuando el oxígeno del aire es sometido a un pulso de alta energía, como un rayo, el doble enlace O=O del oxígeno se rompe, entregando dos átomos de oxígeno, los cuales luego se recombinan con otras moléculas de oxígeno. Estas moléculas recombinadas contienen tres átomos de oxígeno en vez de dos, lo que da lugar al ozono.

En la estratosfera, a unos 20 km de altura sobre la superficie terrestre, se encuentra la conocidísima "capa de ozono" u ozono estratosférico.

Esta capa, con elevadas concentraciones de ozono (con el máximo en torno a los 25 km) filtra los rayos ultravioletas dañinos para el ser humano (radiación eritemática), evitando que alcancen la superficie terrestre. En estos niveles el ozono se forma principalmente por acción de la radiación solar sobre el oxígeno atmosférico (las moléculas de oxígeno se rompen en sus átomos -disociación radiativa- que se recombinan posteriormente en forma de moléculas de ozono).

Por el contrario, el ozono que está presente en las proximidades del suelo tiene su origen principalmente en las reacciones químicas que se producen en la propia troposfera a partir de otros contaminantes (compuestos precursores), que reaccionan bajo la acción de la luz solar. Es por ello que se suele referir al ozono como un contaminante secundario (no se emite directamente como resultado de una actividad concreta) de origen fotoquímico.

Estos procesos fotoquímicos se producen de manera natural (a partir de emisiones de las plantas y otros seres vivos), por lo que siempre existe una cierta concentración de ozono en los niveles superficiales.

2.3. OZONO ANTRÓPICO

Se denomina "*antrópico*" a cualquier sustancia o cosa producida o modificada por la actividad humana.

Así pues, ozono antrópico es el generado por la actividad humana, a propósito con fines biocidas, o sin querer, como contaminante secundario.

2.3.a. Ozono como resultado de la contaminación

El ozono troposférico (no confundir con el estratosférico, cuya capa protege la Tierra de las radiaciones solares, como hemos visto) es un contaminante secundario, es decir, que se produce a partir de otros contaminantes emitidos por los coches o la industria y, además, a varios kilómetros de donde se generan.

Sus efectos sobre la salud dependen de su nivel de concentración. A partir de 180 microgramos por metro cúbico (el nivel de información), ciertas personas -especialmente las asmáticas y las que tienen problemas respiratorios- podrían ver aumentadas sus dolencias.

El ozono troposférico, como decíamos, no se emite directamente a la atmósfera. Es un contaminante secundario, esto es que se forma a partir de reacciones fotoquímicas complejas con intensa luz solar entre contaminantes primarios como son los óxidos de nitrógeno (NO, NO_2) y compuestos orgánicos volátiles (COV). Los óxidos de nitrógeno se generan en los procesos de combustión y especialmente por el tráfico rodado. Los compuestos orgánicos volátiles se generan a partir de un número de fuentes variado, transporte por carretera, refinerías, pintura, limpieza en seco de tejidos, y otras actividades que implican el uso de disolventes.

El monóxido de carbono (CO) y el metano (CH_4) también intervienen en la formación de O_3. El metano, también un compuesto orgánico volátil, se genera en la minería del carbón, la extracción y distribución de gas natural, vertederos, aguas residuales, quema de biomasa, granjas de animales, etc. El ozono tiende a descomponerse en las zonas en las que existe una alta concentración de NO. Esto explica que su presencia en el centro de las grandes ciudades suela ser más baja que en los cinturones metropolitanos y en las áreas rurales circundantes.

Como vemos, se trata de gases oxidantes del exterior, de la calle, sin control de ningún tipo en su generación, y cuyas concentraciones empiezan a considerarse como dignas de información a partir de los $180\mu g/m^3$, concentraciones muy superiores a las de los residuales que pueden detectarse en interiores tratados con generadores de ozono, que no superan nunca los 100 µg/m^3.

De hecho, las superaciones de los niveles de información a la población (más de 180 microgramos de ozono por metro cúbico) son habituales en Madrid durante los meses de verano, sobre todo en los días calurosos y con poco viento, lo que quiere decir que las personas que caminan por la calle están expuestas a concentraciones mayores que las que se encuentren en un recinto purificado con ozono.

2.3.b. Ozono generado artificialmente

Se trata del ozono que emiten los equipos generadores de ozono con fines de desinfección y desodorización, principalmente, aunque también se emplea el ozono con otros propósitos como la eliminación de contaminantes químicos o como agente blanqueador, por ejemplo.

El uso del ozono en descontaminación ambiental es seguro, en contra de lo que pueda parecer en principio, debido al perfecto control sobre los niveles residuales de ozono en el aire respirable, que permite el uso de un desinfectante altamente eficaz sin efectos indeseados en las personas que ocupan las zonas comunes de los lugares tratados, evitando en gran medida el riesgo de contagios y mejorando la calidad del aire, no sólo en cuanto a niveles microbiológicos, sino también en cuanto a olores desagradables y ambientes cargados se refiere, proporcionando un aire sano, limpio y fresco.

En cuanto al uso de ozono en agua, como veremos más adelante en detalle, ya que la única vía de riesgo es la inhalatoria, resulta totalmente inocuo.

3. CÓMO SE GENERA EL OZONO

Como ya hemos comentado, en la naturaleza el ozono se forma a partir de reacciones fotoquímicas complejas. Basándose en estas reacciones, se ha conseguido generar ozono artificialmente de dos maneras, equivalentes a las naturales: aportando la energía necesaria al proceso con luz ultravioleta (en la naturaleza esta energía proviene de los rayos del sol), o mediante energía eléctrica, que en la naturaleza proporcionan los fenómenos eléctricos de las tormentas.

3.1. LUZ ULTRAVIOLETA

Las lámparas ultravioleta se han utilizado durante décadas para generar ozono. Estas lámparas emiten luz UV a 185 nanómetros (nm). La luz se mide en una escala llamada espectro electromagnético y sus incrementos se denominan nanómetros. En la siguiente imagen se representa una escala del espectro electromagnético; Puede observarse en ella la ubicación de la luz ultravioleta de mayor frecuencia en relación con la luz visible (el rango de luz perceptible por el ojo humano).

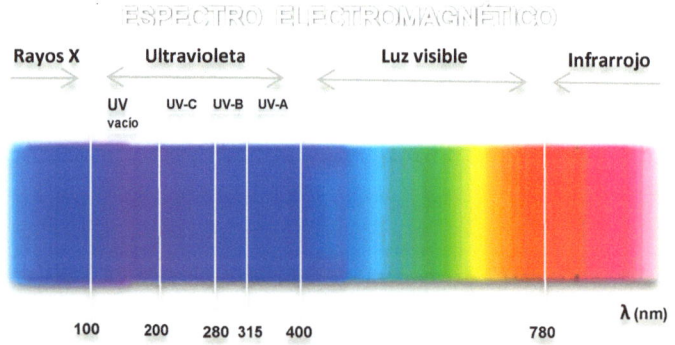

Para la generación del ozono, el aire (generalmente ambiente) se pasa sobre una lámpara ultravioleta, que divide las moléculas de oxígeno (O_2) del gas. Los átomos de oxígeno resultantes (O-), buscando estabilidad, se unen a otras moléculas de oxígeno (O_2), formando ozono (O_3). El ozono así generado se inyecta en el agua, o corriente de aire, donde inactiva los contaminantes por la ruptura de los enlaces de sus moléculas.

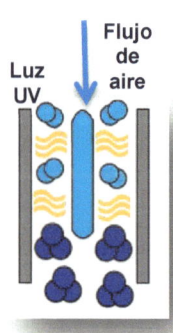

3.2. DESCARGA DE CORONA

Las tecnologías implicadas en la generación de ozono por descarga de corona son variadas, pero todas operan fundamentalmente pasando gas seco, que contiene oxígeno, a través de un campo eléctrico. La corriente eléctrica causa la "división" en las moléculas de oxígeno de la misma forma como se describe en la sección sobre la

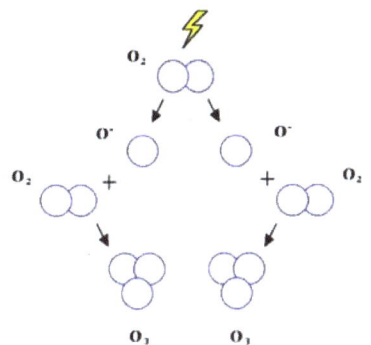

Ozono siendo creado vía descarga de Corona

generación de ozono por luz ultravioleta. Más allá de esta característica común, las variaciones, como decimos, son muchas, pero las tecnologías generalmente aceptadas pueden dividirse en tres tipos: frecuencia baja (50 a 100 Hz), frecuencia media (100 a 1.000 Hz) y alta frecuencia (1.000 + Hz). Dado que el 85% al 95% de la energía eléctrica suministrada a un generador de ozono de descarga de corona produce calor, se requiere algún método para su eliminación. Además, el enfriamiento adecuado afecta significativamente la eficiencia energética del generador de ozono, por lo que la mayoría de los sistemas de descarga de corona utilizan uno o más de los siguientes métodos de refrigeración: Aire o agua.

En el corazón de una descarga de corona está el dieléctrico. La carga eléctrica se difunde sobre esta superficie dieléctrica, creando un campo eléctrico, o "corona".

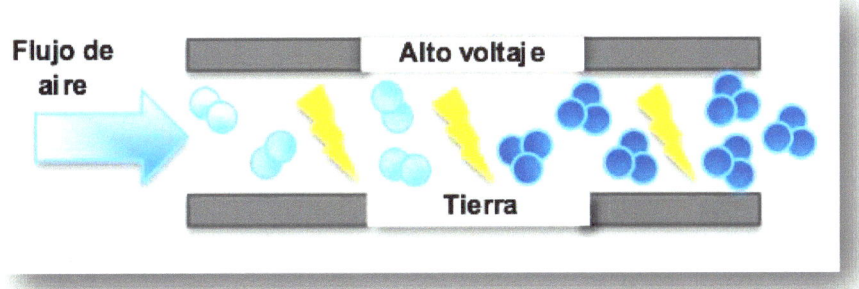

Lo más importante para los sistemas de ozono por descarga de corona es la preparación adecuada del aire.

El gas que alimenta al generador de ozono debe estar **muy seco** (mínimo -62 °C de **punto de rocío**, temperatura a la que empieza a condensarse el vapor de agua contenido en el aire, produciendo **rocío**, neblina, cualquier tipo de nube), porque la presencia de humedad afecta la producción de ozono y conduce a la formación de ácido nítrico. El ácido nítrico es muy corrosivo para las partes internas críticas de un generador de ozono de descarga de corona, que puede

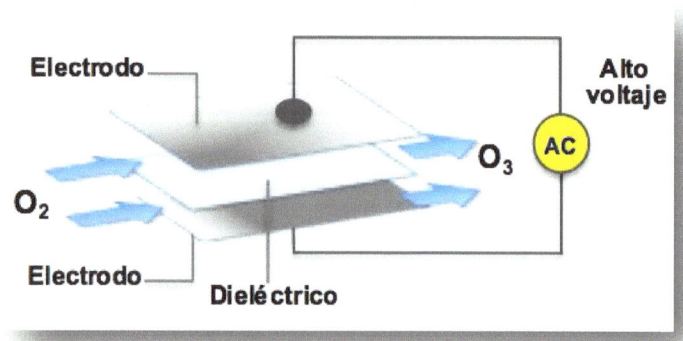

causar fallos prematuros y aumentará significativamente la frecuencia de mantenimiento. El siguiente grafico muestra cómo la producción relativa de ozono disminuye a medida que aumenta el contenido en humedad del aire.

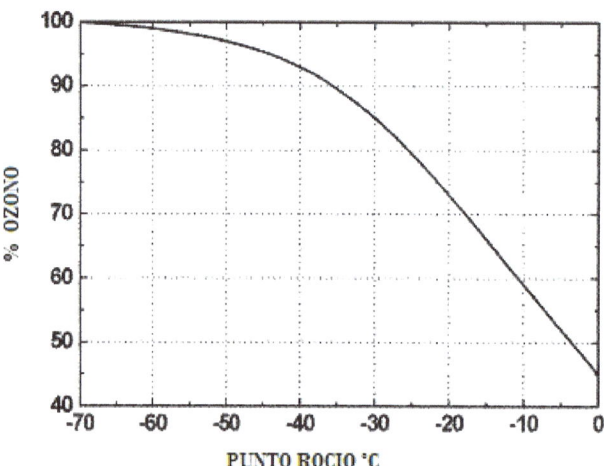

De las tecnologías de ozono antes mencionadas, ninguna tiene una clara ventaja. Sin embargo, para ayudar a reducir el campo para una aplicación particular, hay que considerar la cantidad de ozono requerida en esa aplicación. Desde hace años gracias a que se puede trabajar en alta frecuencia y al avance de la electrónica, se ha pasado de utilizar grandes transformadores en baja frecuencia y válvulas, a equipos de ozono de menor tamaño, menor consumo energético y muy baja disipación de calor (inferior a 60 °C), siendo innecesaria la refrigeración por agua de equipos con producciones incluso superiores a los 100 g/h, y con un precio considerablemente más bajo.

Por otra parte, frente a las desventajas que presenta la generación de ozono mediante UV, la descarga de corona ofrece ciertas ventajas que hacen que este sea actualmente el método más usado para la generación de ozono:

3.3. VENTAJAS DE LA GENERACIÓN DE OZONO POR DESCARGA DE CORONA

1. Los generadores de ozono de descarga de corona pueden utilizar oxígeno preparado, duplicando así la producción de ozono por volumen dado frente al aire seco

2. Pequeña construcción que permite instalar el generador en prácticamente cualquier área.

3. Puede crear una forma más pura de ozono sin crear otros gases dañinos o irritantes si se utiliza aire seco u oxígeno como gas de alimentación.

4. La vida celular de la Corona puede superar los diez años.

5. Puede crear grandes cantidades de ozono.

6. Puede ser más rentable que la generación de ozono por UV.

3.4. DESVENTAJAS DE LA GENERACIÓN DE OZONO POR LUZ ULTRAVIOLETA (UV)

1. La tasa máxima de producción de ozono es de dos (2) gramos / hora por lámpara UV, dependiendo del tamaño.

2. La concentración más alta de ozono que puede producir la lámpara UV de 185 nm es de 0,2 por ciento en volumen, aproximadamente el 10% de la concentración media disponible por descarga de corona.

3. Se requiere más energía eléctrica para producir una cantidad dada de ozono por radiación UV que por descarga de corona.

4. Las bajas concentraciones en fase gaseosa de ozono generadas por la radiación UV se traducen en el manejo de volúmenes de gas mucho más altos que en el ozono generado por descarga de corona.

5. Las lámparas UV solarizan con el tiempo, requiriendo reemplazo periódico.

4. GENERADORES DE OZONO

Un generador de ozono, (ozonizador) es capaz de producir ozono artificialmente, mediante la generación de una alta tensión eléctrica (el ya explicado "efecto corona") que produce ozono y, colateralmente, iones negativos.

4.1. TIPOS DE GENERADORES DE OZONO SEGÚN SU PRODUCCIÓN

Según su producción, los generadores de ozono se clasifican en domésticos, profesionales e industriales.

Estos equipos, que pueden ser utilizados para tratamiento de aire ó agua y pueden ser también fijos o portátiles.

4.1.a. Generadores "Domésticos"

Los generadores de ozono *Domésticos* son generalmente equipos que producen bajas cantidades de ozono (< 500 mg/h).

Los generadores de ozono domésticos son útiles para eliminar olores, en tratamientos de agua, para la reducción de detergentes o jabones en las lavadoras, higiene de alimentos, lavado de manos, enjuagues bucales, desinfección de cepillos dentales, desinfección de calzado, etc.

Los generadores de ozono domésticos, purificadores de aire y ozonizadores que fabrica Cosemar Ozono, por ejemplo, gozan de la garantía de todos los servicios y productos de Cosemar Ozono, pero se comercializan a través de la tienda online **Ozono Hogar**.

OZONIZADORES	GENERADORES DE OZONO	PURIFICADORES DE AIRE	IONIZADORES

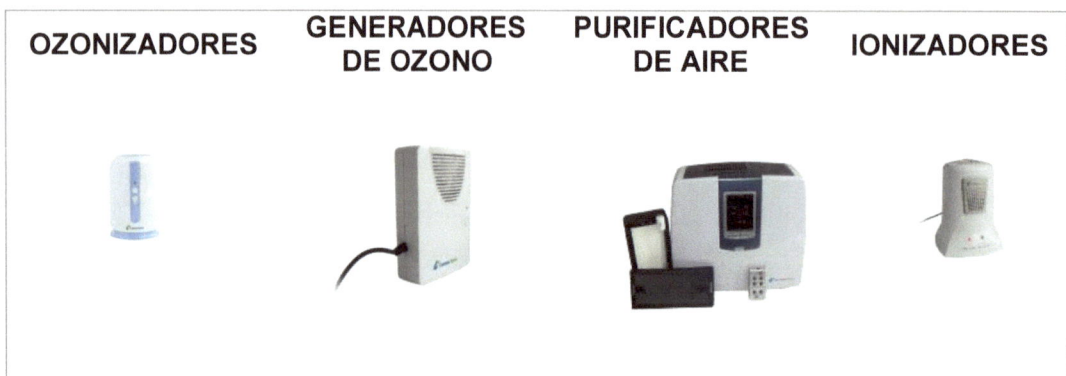

4.1.b. Generadores "Profesionales"

Este tipo de equipos o instalaciones de ozono cuentan en todo momento con la supervisión y el control de personal cualificado.

Todas las instalaciones profesionales implican un compromiso por parte de Cosemar Ozono mediante revisiones periódicas y control de los resultados.

Nunca se venden equipos profesionales directamente al cliente sin previo estudio y/o análisis de sus necesidades.

Todas las instalaciones profesionales tienen garantía absoluta de funcionamiento, es decir, el cliente adquiere el equipo después de haber probado la maquina de forma gratuita.

Los equipos de ozono profesional tienen una producción que oscila entre 15 mg/h, hasta 15 gr/h, y se usan tanto para eliminación de olores y tratamiento de agua, como en sanidad ambiental.

Los generadores de ozono de este grupo, por ejemplo la gama SP Milenium, eliminan todo tipo de malos olores, erradican los agentes contaminantes de aire o agua (bacterias, hongos, virus, compuestos orgánicos volátiles...).

Estos generadores están recomendados en instalaciones para tratamientos en el canal HORECO, en higiene y desinfección ambiental, así como en cámaras frigoríficas, obradores, salas de manipulación de alimentos o cocinas.

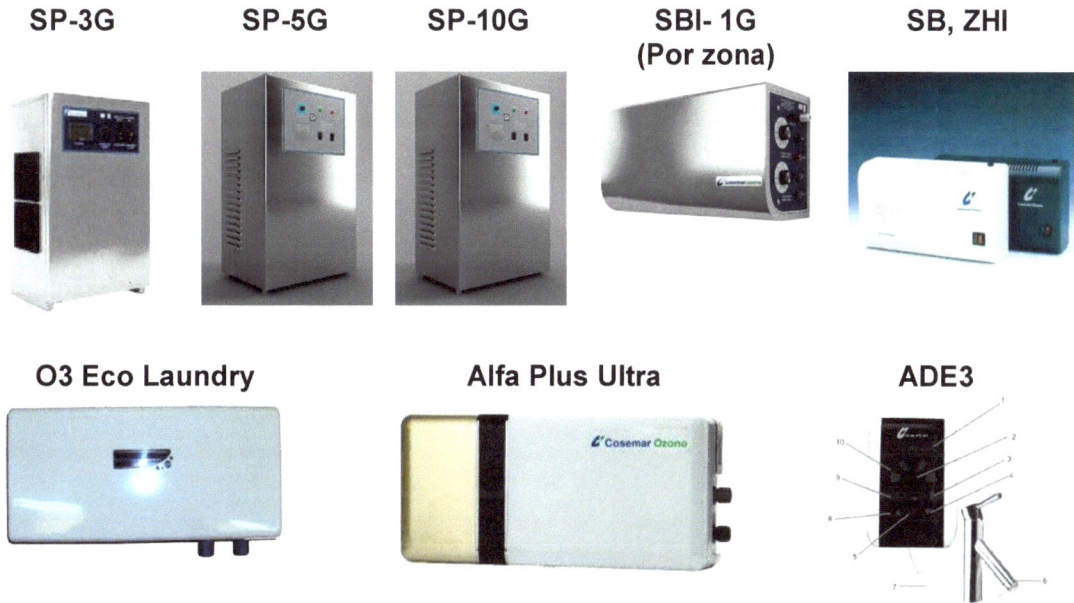

| SP-3G | SP-5G | SP-10G | SBI- 1G (Por zona) | SB, ZHI |

| O3 Eco Laundry | Alfa Plus Ultra | ADE3 |

Características Técnicas

Tipo / Parámetros	SP-3G	SP-5G	SP-7G	SP-10G	SP-15G
Salida de ozono con fuente de alimentación de oxígeno (g/h)	3	5	7	10	15
Cantidad de entrada de oxígeno (L/min)	2	3	5	5	6,5
Salida de ozono con fuente de entrada de aire seco (g/h)	2,5	3,5	3,5	5	7,5
Cantidad de entrada de aire seco (L/min)	5	7	10	12	18
Tipo de enfriamiento	Enfriamiento con aire				
Máxima concentración de ozono (g/m^3)	Fuente de oxígeno: 25 ~ 50			Fuente de aire seco: 5 ~ 15	
L×W×H mm	350×250×520	350×250×580		350×250×630	
Peso (Kg)	11	12	12	13	13
Potencia (W)	140	160	160	180	200
Intensidad máxima en funcionamiento	≤0,3 A	≤0,35 A	≤0,40 A	≤0,45 A	≤0,55 A
Fuente de Alimentación	220V 50HZ				
Fuente de aire	Oxígeno (generador de oxígeno) o aire limpio y seco. La presión de entrada al generador de ozono debe ser ≤0.2MPa (≤2kgf/cm²). La presión de entrada del aire comprimido debe cumplir con la norma, de lo contrario es necesario un regulador de presión. La fuente de oxígeno de entrada debe cumplir con las normas pertinentes.				

4.1.c. Generadores "Industriales"

Los Generadores de Ozono de uso industrial son equipos que producen más de 15 g/h y están especialmente orientados a industria alimentaria, lavandería industrial, tratamientos ambientales de olores, potabilización de agua, lavado de gases, industria farmacéutica, agua de riego en agricultura, etc. Las plantas de ozono industrial pueden ser autónomas o auxiliares de otros tratamientos ambientales, como es el caso de la depuración de aguas residuales.

Estos equipos se utilizan en procesos que requieren un estudio y análisis más profundo, siempre por parte de personal cualificado.

En aplicaciones con concentraciones de ozono superiores a 50 g/h es necesario refrigerar la unidad de generación de ozono con agua.

Características Técnicas

Modelo	32G	50G	60G	80G	100G
Salida Ozono g/h	32	50	60	80	100
Max. Concentración ozono g/m^3	Oxígeno: 50~100			Aire: 16-30	
L×W×H (mm)	400×300×950		520×370×1150		770×500×1200
Potencia (W)	600	660	1000	1200	1300
Caudal agua de refrigeración (m^3/h)	-	0.5-1.0	0.6-1.2	0.8-1.4	1.0-2.0
Fuente de alimentación	220~240v 50~60Hz			110v 50~60Hz	
Fuente de gas	Oxigeno o uso de aire limpio y seco				

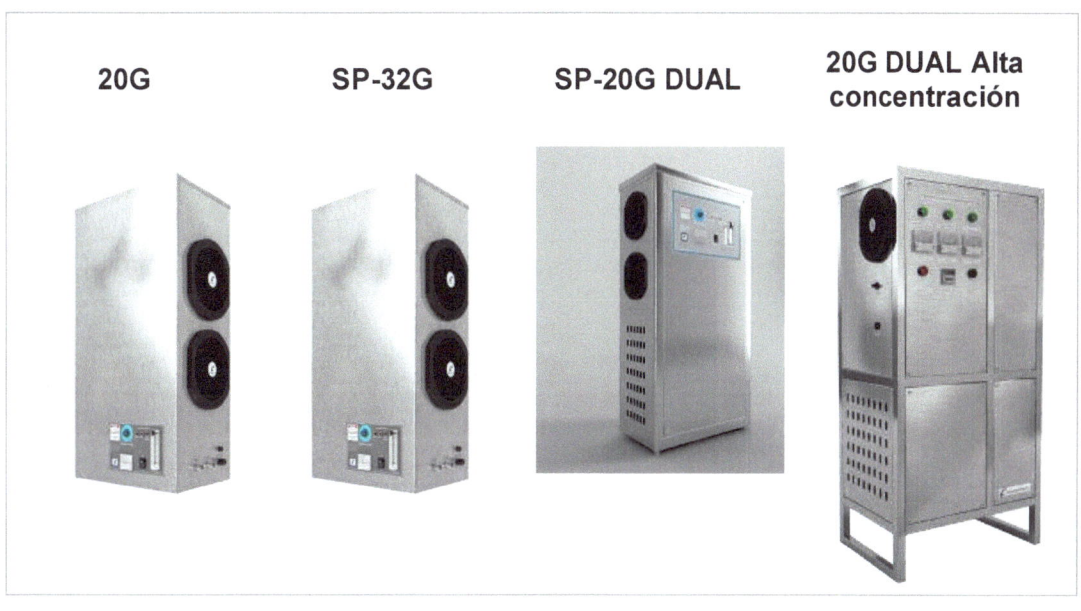

| 20G | SP-32G | SP-20G DUAL | 20G DUAL Alta concentración |

4.2. EL CORAZÓN DE UN GENERADOR DE OZONO

A modo de ejemplo de cómo es un generador de ozono y sus componentes principales, se muestra a continuación uno de nuestros equipos.

4.2.a. Componentes exteriores

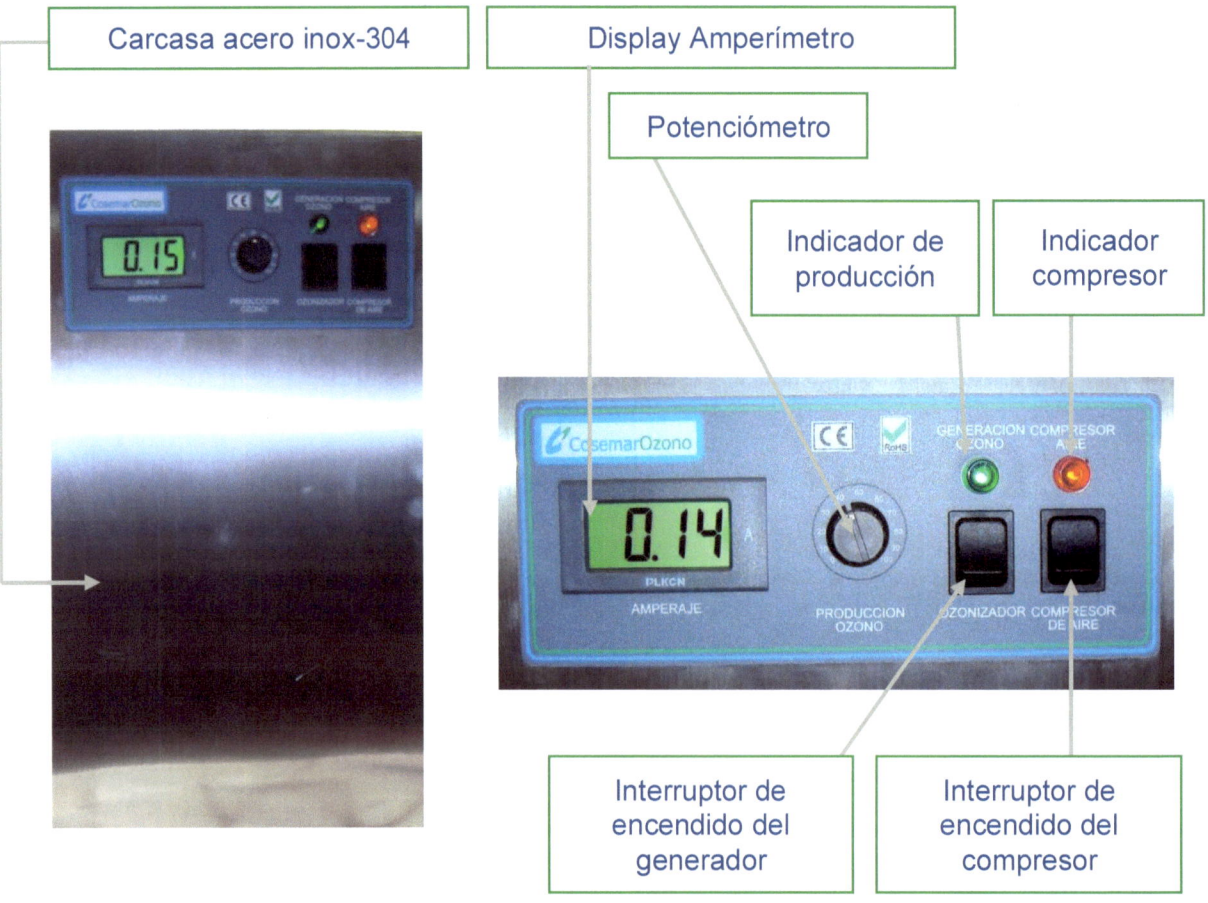

Con el potenciómetro se controla la producción de ozono y en el display se puede observar el amperaje, en la siguiente tabla se puede ver la relación de amperaje y valor de ozono producido.

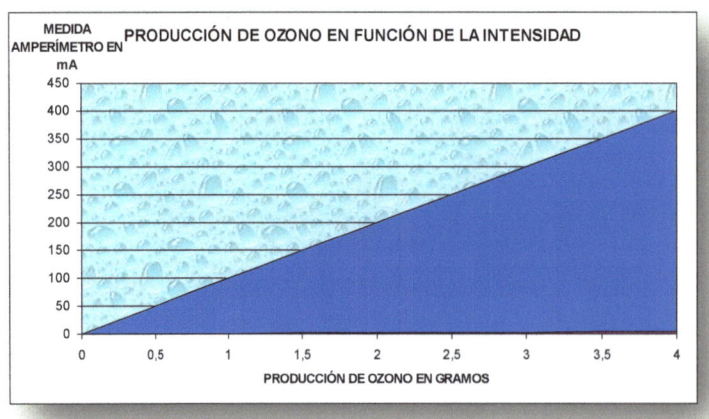

LATERAL IZQUIERDO

LATERAL DERECHO

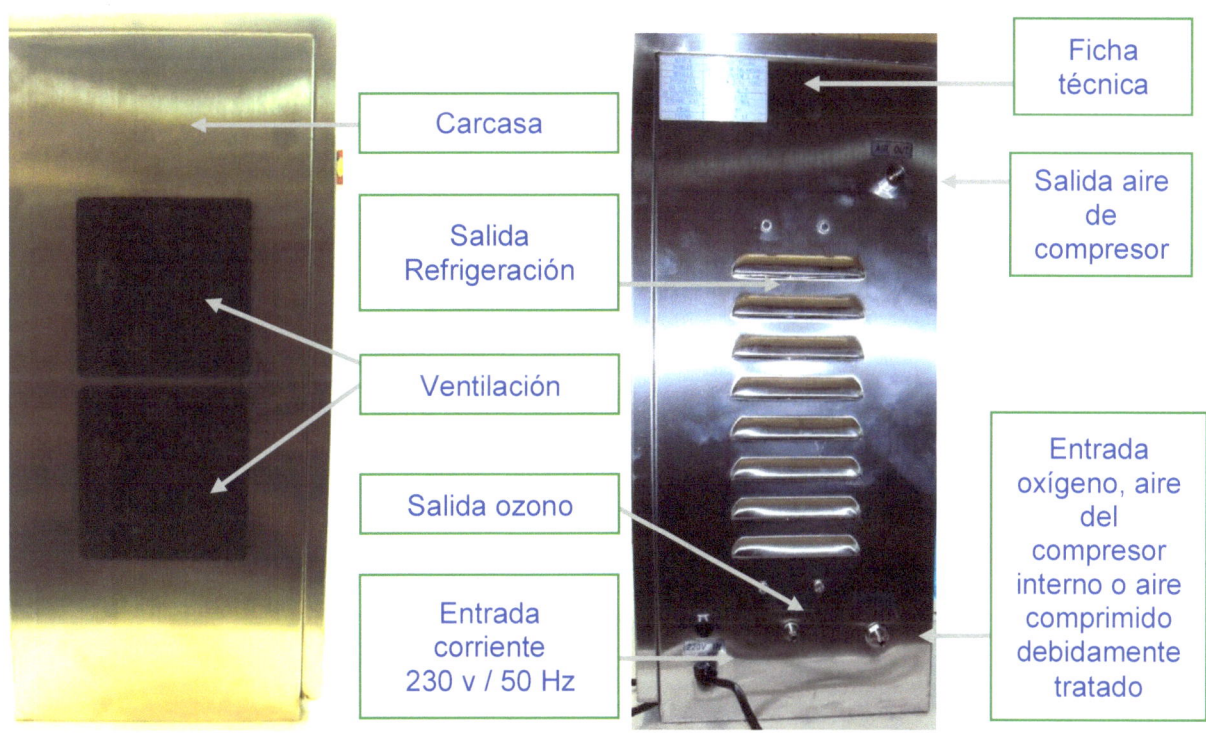

Carcasa

Salida Refrigeración

Ventilación

Salida ozono

Entrada corriente 230 v / 50 Hz

Ficha técnica

Salida aire de compresor

Entrada oxígeno, aire del compresor interno o aire comprimido debidamente tratado

4.2.b. Componentes interiores

Interruptor producción

Interruptor compresor

Placa electrónica de control

Válvula generadora

Entrada de aire u oxígeno

Salida de ozono

Potenciómetro

Amperímetro display

Fase de cable eléctrico a tensión elevada

Ventiladores de refrigeración

Transformador split

Compresor

Amortiguador de vibraciones compresor

Tubo salida de aire comprimido

5. MARCO LEGAL DE USO DEL OZONO

Ya que el ozono es un compuesto clasificado como irritante por inhalación, y sobre todo debido a su aparición como contaminante secundario que ya hemos comentado, su presencia en aire respirable está regulada por distinta normativas de Organizaciones Europeas y nacionales. Por supuesto, todas coinciden a la hora de estipular los niveles máximos permitidos en función del tiempo de exposición, como veremos a continuación.

5.1. NORMATIVA EUROPEA

A fin de regular el uso de sustancias tóxicas, sea cual sea su finalidad, Los distintos países de la Unión Europea primero, independientemente, fueron dictando reglamentos y normativas para que el uso de estas sustancias resultara lo menos nocivo posible, tanto para la salud como para el medio.

Con el avance en los estudios de toxicidad y la globalización del comercio en la Comunidad Europea, se elaboró finalmente una Directiva que rigiera este tema y que fuera válida para todos los países de la UE.

5.1.a. Directiva de biocidas y BPR

Efectivamente, los productos biocidas se regularon por vez primera en el ámbito europeo en **1998**, por medio de la **Directiva 98/8/CE**, del Parlamento Europeo y del Consejo, de 16 de febrero, relativa a la comercialización de biocidas, la cual armonizaba en la zona UE la legislación sobre estos productos, estableciendo principios comunes de evaluación y autorización de biocidas, evitando de esta forma barreras económicas y/o administrativas.

Posteriormente, el 1 de septiembre de **2013** entró en vigor el Reglamento (UE) nº 528/2012 del Parlamento Europeo y del Consejo, de 22 de mayo de 2012, relativo al uso y comercialización de los biocidas. Así pues, a partir del 1 de septiembre de 2013 y sin perjuicio de lo dispuesto en las medidas transitorias del citado Reglamento, la Directiva 98/8/CE quedó derogada.

Posteriormente, la Comisión ha publicado y seguirá publicando, modificaciones y disposiciones de desarrollo del Reglamento.

También se ha establecido a nivel europeo un procedimiento de revisión de las sustancias activas existentes comercializadas con anterioridad a mayo de 2000, regulado en este momento por el Reglamento Delegado (UE) nº 1062/2015 de la Comisión, relativo al programa de trabajo para el examen sistemático de todas las sustancias activas existentes contenidas en los biocidas que se mencionan en el Reglamento (UE) no 528/2012 del Parlamento Europeo y del Consejo.

Una vez que una sustancia activa ha sido incluida en la Lista europea de sustancias activas, en la autorización de los productos que la contienen se aplicarán los procedimientos europeos referidos en el Reglamento 528/2012.

BPR: LOS DOS PASOS PARA LA AUTORIZACIÓN DE UNA SUSTANCIA

1. El primer paso es la aprobación del compuesto en cuestión, en nuestro caso el ozono, como SUSTANCIA ACTIVA. Para ello es necesario reflejar las aplicaciones relevantes del biocida según los tipos de producto (PT).

2. El segundo paso es la autorización de los productos generados por un equipo, específicamente el equipo generador de ozono.

1. APROBACIÓN COMO SUSTANCIA ACTIVA

Las sustancias activas y, por tanto, también el ozono, deben ser aprobadas e incluidas en la **Lista de la UE de sustancias activas aprobadas**

Para aparecer en esta lista, se define un procedimiento en el anexo del BPR. Como primer paso, se debe crear un expediente de la sustancia activa, que contenga toda la información definida en el BPR. Este dossier se someterá a la validación de un órgano apropiado. De acuerdo con el Reglamento (UE) nº 334/2014 de del Parlamento Europeo y del Consejo, de 11 de marzo 2014, entre otros, se modifica el artículo 93 del BPR y dicho expediente debería presentarse antes de 01 de septiembre 2016.

2. AUTORIZACIÓN DE PRODUCTOS

La autorización del producto biocida es la segunda parte importante de la legislación sobre biocidas.

Antes de solicitar una autorización para el ozono, el solicitante debe ser propietario de un expediente ya aprobado de la sustancia activa o de una carta de acceso (LoA) a un expediente aprobado de una sustancia activa.

Dado que el ozono se genera comúnmente *in situ*, constituye una discusión en curso en Europa, quién debe ser el titular de la autorización del biocida, el fabricante del equipo o el usuario final del ozono generado.

En otras palabras: ¿Quién tiene que solicitar la autorización del producto biocida?

- ¿El usuario final?

- ¿El distribuidor?

- ¿El fabricante del equipo?

Imaginemos que cada operador, para cada pieza única del equipo generador de ozono, debiera solicitar una autorización. Lo que esto supondría para una administración, la carga de trabajo de los organismos de los países que tuvieran que lidiar con eso. Como efecto secundario, podría motivar a los distribuidores de equipos generadores de ozono a deshacerse de estos.

Las discusiones sobre este tema aún están en curso en la UE, pero podemos esperar que sea el fabricante del equipo quien tenga que obtener la autorización para el biocida generado *in situ*, el ozono, para todos los tipos de producto, lo que permitiría la puesta en el mercado del generador de ozono con autorización.

5.1.b. La EUOTA

El ozono se declaró sustancia activa de productos biocidas en el Reglamento nº 528/2012 (BPR) de la UE, comenzando a partir del 1 de septiembre de 2013. En efecto, el BPR está ampliando considerablemente su alcance en comparación con las Directiva existente con anterioridad. Debido a esto, los equipos generadores de ozono, y el ozono en sí como sustancia activa, deben ser autorizados.

Para ello, y debido a los altos costes que la presentación de un dossier para su inclusión como sustancia activa supone, las pequeñas y medianas empresas europeas del sector nos hemos asociado en la EUOTA, nueva asociación comercial europea de fabricantes y distribuidores de generadores de ozono en el Mercado Europeo. Nos unimos para afrontar el reto de formalizar un expediente científico exhaustivo sobre el ozono y sus propiedades como biocida en sus diversas aplicaciones.

El objetivo de la EUOTA: cumplir los requisitos de la nueva normativa Europea (BRP: Reglamento de Productos Biocidas)

En el caso concreto del ozono, como decíamos, éste no se encontraba cubierto por el BPD (Directiva 98/8 que fue traspuesta al ordenamiento jurídico español a través del Real Decreto 1054/2002), pero sí se encuentra bajo el ámbito de aplicación del BPR, siéndole de aplicación las medidas transitorias establecidas en el artículo 93 del Reglamento 528/2012, según las cuales un Estado Miembro puede aplicar su sistema o práctica actual hasta una de las siguientes fechas:

- Si se presenta un dossier para la evaluación de dicha sustancia activa a más tardar el 1 de septiembre de 2016 se le aplicarán los plazos establecidos en el artículo 89.

- y si, por el contrario, no se presenta ninguna solicitud de aprobación para la sustancia activa se podrá seguir aplicando el sistema o práctica actual hasta el 1 de septiembre de 2017.

La EUOTA presentó su dossier en fecha y forma, siendo este aceptado; en la actualidad está preparando la segunda parte, la autorización para el ozono como biocida, un producto que se genera normalmente *in situ*. Esto permite el uso adicional de ozono en procesos de tratamiento de acuerdo con la legislación de la UE. El segundo paso puede hacerse posiblemente con más eficacia por los fabricantes de equipos de ozono. A tal fin, deben poseer el expediente de sustancia activa aprobada o acceder a este mediante una carta de acceso (LoA).

5.2. NORMATIVA ESPAÑOLA

La Directiva 98/8/CE, fue transpuesta a nuestro ordenamiento jurídico mediante el Real Decreto 1054/2002, de 11 de octubre, por el que se regulaba el proceso de evaluación para el registro, autorización y comercialización de biocidas.

El Reglamento 528/2012 relativo a la comercialización y el uso de los biocidas, contempla los productos biocidas generados *in situ,* como es el caso del ozono, siendo las obligaciones las mismas que para el resto de productos biocidas.

Así pues, de momento y mientras se formaliza el resto de los protocolos prescritos por el BPR para la inclusión del ozono en el Reglamento, se sigue aplicando el sistema anterior hasta septiembre de 2017.

En lo que respecta a la normativa específica del uso de ozono como biocida en España, de momento su uso está regulado para aire, agua y, hasta hace poco, para desinfección de cámaras frigoríficas:

- En ambientes interiores: rige la norma española **UNE 400-201-94**: Generadores de ozono. Tratamiento de aire. Seguridad química.

- Para su uso en agua: la norma **UNE-EN 1278** Productos químicos empleados en el tratamiento del agua destinada al consumo humano. Ozono, incluida en el

Anexo II del **Real Decreto 140/2003**, de 7 de Febrero, por el que se establecen los criterios sanitarios de la calidad del agua de consumo humano. "*Normas UNE-EN de sustancias utilizadas en el tratamiento del agua de consumo humano*".

- Un caso especial es el tratamiento de instalaciones de riesgo para *Legionella*, regulado por el **RD 865/2003** de 4 de julio, por el que se establecen los criterios higiénico-sanitarios para la prevención y control de la legionelosis

- Aire de cámaras frigoríficas, regulado por el **Real Decreto 168/1985, de 6 de febrero**, por el que se aprueba la reglamentación técnico-sanitaria sobre condiciones generales de almacenamiento frigorífico de alimentos y productos alimentarios. (Derogado).

5.3. NORMATIVA NORTEAMERICANA: FDA

En el año 2001 la **FDA (Administración Americana de Alimentos y Drogas)** clasificó el ozono como GRAS (Generally Recognized as Safe: agente antimicrobiano seguro para alimentos), autorizando su uso sobre alimentos. Esta autorización permite que el ozono sea utilizado en forma gaseosa o líquida en el tratamiento, almacenado y procesado de alimentos, incluyendo carnes y ovoproductos.

6. MEDICIÓN Y CONTROL

En la atmósfera, como ya hemos expuesto, el ozono nos protege de los dañinos rayos UV del sol. Casi todo el mundo ha oído hablar del agujero en la capa de ozono que fue originado por el uso de CFCs.[2] Afortunadamente en la actualidad estos compuestos están prohibidos y el agujero de la capa de ozono está "encogiendo".

Menos conocido es el hecho de que el ozono es gas muy útil para descontaminar y esterilizar. Las bacterias y el olor son descompuestos por el ozono. Por esto es utilizado en la industria alimentaria para lavado y conservación de frutas y verduras, en las plantas de tratamiento de agua, etc. Sin embargo, la generación de ozono en espacios cerrados expone a las personas al ozono. Así que, aunque el ozono es útil, también es importante que su uso se controle perfectamente, tanto cuando hay personas presentes, por su seguridad, como para garantizar la eficacia del tratamiento.

6.1 SEGURIDAD DEL OZONO

El ozono, clasificado únicamente como agente irritante Xi, es un potente oxidante generalmente no dañino para mamíferos a bajas concentraciones, pero letal para los microorganismos como las bacterias. De cualquier manera el ozono, como cualquier otro agente oxidante, puede resultar perjudicial si no es manejado correctamente. Por esa razón, muchos países han establecido un límite de exposición de 100 ppb (partes por billón) de ozono. En algunos países, como Suecia, el límite es incluso más bajo.

El ozono es uno de los seis contaminantes comunes limitados por las Agencias de Protección Ambiental de Estados Unidos y otros Organismos reguladores ambientales debido, como exponíamos al principio, a su presencia como contaminante secundario en las grandes ciudades.

La exposición a ozono en el lugar de trabajo está controlada por la Administración de Seguridad y Salud Ocupacional y sus homólogos de todo el mundo. En España, se trata del Instituto Nacional de Salud e Higiene en el Trabajo (INSHT), que fija los valores límite de exposición profesional para agentes químicos. Dichos valores están, como es natural, en consonancia con los fijados por la Norma española UNE 400-201-94, basada en las recomendaciones de la Organización Mundial de la Salud (OMS).

---

[2] CFC: Los clorofluorocarburos son derivados de los hidrocarburos saturados obtenidos mediante la sustitución de átomos de hidrógeno por átomos de flúor y/o cloro principalmente.

Vías de exposición

Los posibles efectos adversos para la salud se encuentran enumerados en la Hoja de datos de seguridad del ozono. Como se puede comprobar, **la única vía de riesgo es la inhalatoria**.

1. **Inhalación**: El ozono causa sequedad de boca, tos e irritación de nariz, garganta y pecho. Puede ocasionar dificultad para respirar, dolor de cabeza y fatiga. No obstante, su característico olor fuerte y penetrante es fácilmente detectable a concentraciones bajas (0,005 a 0,02 ppm).

   Medida correctiva: Salir al aire libre, aflojar la ropa apretada alrededor del torso. Buscar atención médica si es necesario. Si la respiración es difícil, una persona capacitada debe administrar oxígeno a 15 LPM

2. **Piel**: No se espera la absorción a través de piel intacta.

   Medida Correctiva: Lave la piel a fondo con agua y jabón

3. **Contacto con los ojos**: El ozono puede ser irritante para los ojos, provocando inflamación leve.

   Medida Correctiva: Enjuague los ojos con grandes cantidades de agua durante al menos 15 minutos mientras mantiene forzadamente los párpados separados para asegurar el enjuague de toda la superficie del ojo. Si persiste la irritación, dolor u otros síntomas, busque atención médica profesional.

4. **Ingestión**: No es una ruta de exposición

5. **Agravación de condiciones preexistentes**: El ozono puede aumentar la sensibilidad a los constrictores de bronquios, incluyendo alérgenos, especialmente en individuos con asma.

6. **Condición crónica**: No se esperan efectos a largo plazo para la salud por la exposición al ozono. Cierta tolerancia parcial parece desarrollarse tras repetidas exposiciones.

6.2. DOSIFICACIÓN SEGÚN NORMATIVA

Según acabamos de comentar, en cuanto a su ficha toxicológica, el ozono está clasificado únicamente como AGENTE IRRITANTE Xi en aire, no estando clasificado como carcinogénico. Esta clasificación como agente irritante se refiere exclusivamente a sus concentraciones en aire, es decir, a los problemas derivados de su inhalación, que dependen de la concentración a la cual las personas están expuestas, así como del tiempo de dicha exposición.

Como veremos a continuación, la exposición al ozono, bien sea debido a su presencia como contaminante o al tratamiento del aire con fines biocidas, se encuentra perfectamente regulada, coincidiendo todas las normas respecto a los valores máximos de exposición, teniendo en cuenta la relación dosis/tiempo de exposición.

Asimismo, el uso en agua está regulado por su correspondiente norma, siendo su aplicación habitual en los tratamientos de potabilización. En el caso de tratamientos de agua para usos distintos al consumo humano, las dosis varían según las características del agua a tratar y el fin a que ese agua sea destinada. Dado que, disuelto en agua, el ozono resulta completamente inocuo, no hay más límite en las dosis que el que establece la eficacia necesaria en cada caso (recuperación de aguas residuales para riego, usos recreativos u ornamentales, eliminación de compuestos químicos en aguas residuales de industria textil, blanqueamiento de fibras, lavado de alimentos, etc.)

6.2.a.Instituto Nacional de Seguridad e Higiene en el Trabajo

La constitución por el INSHT en 1995 de un grupo de trabajo sobre *Valores Límite de Exposición Profesional* permitió la publicación de un primer documento en 1999, seguido por actualizaciones anuales para hacer frente, a medio plazo, a la obligación que la **DIRECTIVA 98/24/CE** imponía a los Estados Miembro de establecer límites de exposición profesional nacionales.

La transposición de esta Directiva al ordenamiento jurídico español mediante el **Real Decreto 374/2001**, que deroga los límites de exposición del *Reglamento de Actividades Molestas, Insalubres, Nocivas y Peligrosas* (RAMINP) y considera los valores límite de exposición profesional publicados por el INSHT como los valores de referencia apropiados para los agentes químicos que carezcan de valores límite reglamentarios, constituye, de hecho, un mandato al Instituto para continuar con esta labor, actualizando periódicamente sus límites para mantenerlos adaptados al progreso científico y técnico.

Por su parte, la Comisión Nacional de Seguridad y Salud en el Trabajo aprobó, en julio de 1997, la creación de un grupo de trabajo para, entre otras cuestiones, "*estudiar los documentos que sobre valores límite y su aplicación en los lugares de trabajo elabore el INSHT*". Como resultado de sus propuestas, la Comisión, en la reunión plenaria celebrada el 16 de diciembre de 1998, acordó unánimemente recomendar:

✓ Que se apliquen en los lugares de trabajo los límites de exposición indicados en el documento del INSHT, titulado "*Límites de exposición profesional para agentes químicos en España*" y que su aplicación se realice con los criterios establecidos en dicho documento.

✓ Que el INSHT publique y dé la mayor divulgación posible al citado documento indicando, en su preámbulo, la información favorable de esta Comisión respecto a la aplicación de la misma en los lugares de trabajo.

Según estas directrices, se establecen los Valores Límite Ambientales(VLA): Límites de exposición profesional para agentes Químicos en España, adoptados por el Instituto Nacional de Seguridad e Higiene en el Trabajo. (Ministerio de Empleo y Seguridad Social), que para el ozono son los que figuran en el Documento de dicho Instituto:

http://www.insht.es/InshtWeb/Contenidos/Documentacion/LEP%20_VALORES%2
0LIMITE/Valores%20limite/LEP%202017.pdf

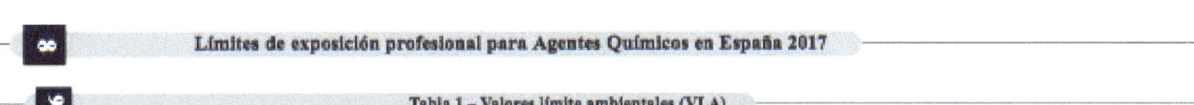

Límites de exposición profesional para Agentes Químicos en España 2017

Tabla 1 – Valores límite ambientales (VLA)

N° CE	CAS	AGENTE QUÍMICO (año de incorporación o de actualización)	VLA-ED®		VLA-EC®		NOTAS	INDICACIONES DE PELIGRO (H)
			ppm	mg/m³	ppm	mg/m³		
215-168-2	1309-37-1	Óxido de hierro(III) (polvo y humos), como Fe		5				
215-171-9	1309-48-4	Óxido de Magnesio (humos y polvo)		10				
244-654-7	21908-53-2	Óxido de mercurio II, como Hg (2012)		0,02			Hg,r, VLI,VLB®	330-310-300 373-400-410
205-502-5	141-79-7	Óxido de mesitilo	15	61	25	102		226-332-312-302
200-879-2	75-56-9	Óxido de propileno (2011)	2	4,8			C1B,M1B,r	224-350-340-332 312-302-319-335 315
233-069-2	10028-15-6	Ozono: Trabajo pesado	0,05	0,1				
		Ozono: Trabajo moderado	0,08	0,16				
		Ozono: Trabajo ligero	0,1	0,2				
		Ozono: Trabajo pesado, moderado o ligero (≤ 2 horas)	0,2	0,4				
225-141-7	4685-14-7	Paracuat: Fracción inhalable		0,5				
		Paracuat: Fracción respirable		0,1			d	
217-615-7	1910-42-5	Paracuat dicloruro		0,1			vía dérmica	330-311-301 372-319-335 315-400-410

Como se puede ver, según el INSHT, los Valores Límite Ambientales (VLA) (año 2017) establecen para el ozono límites de exposición en función de la actividad realizada, siendo el valor más restrictivo 0,05 ppm (exposiciones de 8 horas) y 0,2 ppm para periodos inferiores a 2 horas.

6.2.b.Norma española UNE 400-201-94: Generadores de ozono. Tratamiento de aire. Seguridad química

Esta norma, del año 1994, clasifica los generadores según la producción y sus mecanismos de control en:

- **Generadores tipo A:** de vertido directo con sistema de dilución y mecanismo de control automático de producción.

- **Generadores tipo B:** de vertido indirecto con sistema de dilución y mecanismo automático de control.

- **Generadores tipo C:** de vertido directo o indirecto sin sistema de dilución ni mecanismo de control de producción.

Como veremos a continuación, la norma establece los mismos límites que el INSHT.

LÍMITES ESTABLECIDOS POR LA NORMA ESPAÑOLA:

1. Los generadores de ozono destinados a ser utilizados en locales con presencia de personas y/o animales, deben ser del tipo A o B, y deben llevar un dispositivo de control de producción de forma que nunca se pueda sobrepasar el **nivel máximo de inmisión de 100 mg/m^3 (0,05 ppm).**

2. En ningún caso los generadores de ozono destinados a ser utilizados con presencia de personas o animales deben contribuir a un aumento de oxidantes totales superior a 200 mg/m^3 (0,1 ppm).

6.2.c. Aplicación en cámaras frigoríficas

Un caso específico es el uso en aire de cámaras frigoríficas, regulado hasta hace poco por el **Real Decreto 168/1985, de 6 de febrero**, que ha sido derogado, por el que se aprobaba la reglamentación técnico-sanitaria sobre condiciones generales de almacenamiento frigorífico de alimentos y productos alimentarios,.

En su **Artículo 6, "Requisitos de funcionamiento de los almacenes frigoríficos"**, este RD decía: "*En el caso de emplear en cámaras o en locales de almacenamiento aparatos o dispositivos productores de ozono, estos deberán disponer de sistemas automáticos de regulación, de manera que la cantidad de ozono no sobrepase nunca las 0,05 ppm.*

Estos aparatos no funcionarán mientras existan obreros trabajando en el local donde estén instalados."

6.2.d. Dosis permitida en agua potable

El uso de ozono en la potabilización del agua está establecido en el **Real Decreto 140/2003,** de 7 de Febrero, por el que se establecen los criterios sanitarios de la calidad del agua de consumo humano.

En el Anexo II de este RD "*Normas UNE-EN de sustancias utilizadas en el tratamiento del agua de consumo humano",* está incluido el ozono con su **Norma UNE-EN 1278** Productos químicos empleados en el tratamiento del agua destinada al consumo humano. Ozono.

En palabras de esta norma, "*El ozono se utiliza en el tratamiento del agua para la desinfección, la mejora de la calidad organoléptica general del agua, la eliminación del hierro y el manganeso, la eliminación del color, la oxidación avanzada de contaminantes persistentes y como reactivo para favorecer la coagulación*".

La dosis de tratamiento que se establece, teniendo en cuenta que es variable en función de la calidad del agua y del objetivo del tratamiento, es la siguiente:

✓ Para la desinfección, incluyendo la inactivación de virus y parásitos, se aplica una dosis tal que se obtenga una concentración residual de 0,4mg/L después de un tiempo de contacto de 4 a 6 min. Con este tratamiento se logran satisfacer otros parámetros generales de aceptabilidad, como el color, el sabor y el olor. En aguas tratadas, la dosis necesaria de ozono se encuentra generalmente comprendida en el rango entre 2 y 4 mg/L.

✓ Para la iniciación del tratamiento biológico, una regla preliminar es considerar una dosificación de 0,2 a 0,3 mg de ozono por mg de carbono orgánico total.

✓ Para la oxidación del hierro y el manganeso, la dosis requerida puede determinarse a partir de la estequiometria de las reacciones, que ha de completarse con el consumo de ozono debido a otros componentes del agua.

✓ Para favorecer la coagulación, la dosis necesaria no supera generalmente 1 mg/L y debe evitarse una dosificación en exceso.

Asimismo, la norma indica que "*Generalmente es recomendable realizar una evaluación preliminar mediante estudios de laboratorio y, si es posible, un ensayo piloto*".

En cuanto a la posible necesidad de eliminar el ozono sobrante, la norma indica que: "*El ozono se auto-descompone en el agua. Por tanto, a las dosis habitualmente aplicadas, no se requiere generalmente ningún proceso de eliminación.* [...]"

6.2.e. Tratamiento para la prevención de *Legionella*

La legionelosis es, desgraciadamente, una de las enfermedades "urbanas" más conocida: prácticamente todos los veranos se declara en España algún brote de legionelosis que provoca no pocas víctimas. Sin ir más lejos, en los veranos de 2001 y 2002 este tipo de neumonía protagonizó una serie de informativos, al haber sido causa de varias muertes por el deficiente mantenimiento del aire acondicionado de ciertas instalaciones.

La *Legionella* se encuentra en varios ambientes naturales y artificiales, a partir de los cuales puede llegar a infectar instalaciones como **torres de refrigeración, agua sanitaria, fuentes ornamentales, depósitos de agua, piscinas climatizadas, etc.,** lugares susceptibles de ofrecer el hábitat apropiado para el desarrollo de la bacteria. Este ambiente, junto con la producción de aerosoles que pueden propiciar dichas instalaciones, son los principales causantes de los brotes de legionelosis.

Como respuesta al problema de Salud Pública que esta bacteria constituye, en 2003 se publicó el **RD 865/2003** *de 4 de julio, por el que se establecen los criterios higiénico-sanitarios para la prevención y control de la legionelosis*, con el fin de prevenir la aparición de nuevos brotes en las instalaciones proclives a ello, y que el RD denomina "de riesgo". Los tratamientos físico-químicos como la ozonización, son contemplados en el 865, teniendo Cosemar ozono una amplia experiencia en la desinfección de agua, tanto en torres de refrigeración como en el resto de instalaciones susceptibles de propagar *Legionella*.

Como comentábamos, las medidas contenidas en el real decreto se aplican a las instalaciones que utilizan agua en su funcionamiento, producen aerosoles y se encuentran ubicadas en el interior o exterior de edificios de uso colectivo. Las partículas de los aerosoles deben tener un tamaño inferior a 5 µm para poder pasar a los pulmones sin ser retenidas previamente por las barreras presentes a lo largo del aparato respiratorio.

Aunque hoy en día no hay discusión posible acerca de la eficacia del ozono en la eliminación de esta bacteria y sus reservorios, en el año 2004, y a instancias de Cosemar Ozono por las dudas que suscitaba la redacción del RD respecto a los tratamientos aptos para instalaciones de riesgo, el Ministerio de Sanidad y Consumo, nos remitió la siguiente carta para despejar cualquier escepticismo respecto a la idoneidad del ozono en estas aplicaciones.

MINISTERIO
DE SANIDAD
Y CONSUMO

60/RA/JC

SECRETARÍA GI
DE SANIDAD

DIRECCIÓN GI
SALUD PUBLIC

SUBDIRECCIO
DE SANIDAD A
SALUD LABOR.

Asunto: Métodos físico-químicos para el control de la legionelosis

Destinatario: **Cosemar Ozono S.L.**
Pza. Jaime Merie nº 3
28320 PINTO (Madrid)

El artículo 13 del R.D. 865/2003 de 4 de julio por el que se establecen los criterios higiénico-sanitarios para la prevención y control de la legionelosis recoge como método para la desinfección del agua en las instalaciones recogidas en el artículo 2 los sistemas físico-químicos entendiendo como tales : los utilizados con el fin de destruir la carga bacteriológica del agua mediante la aplicación de procedimientos electroquímicos.

Entendemos que la ozonización es un sistema de desinfección fisicoquímico que está recogido en el citado artículo 13 y deberá cumplir con ser de probada eficacia frente a legionella y no deberá suponer riesgos para la instalación ni para la salud y seguridad de los operarios ni otras personas que puedan estar expuestas, debiéndose verificar su correcto funcionamiento periodicamente.

Lo que comunico a los efectos oportunos

Madrid 2 1 MAY 2004

EL SUBDIRECTOR GENERAL

Fdo.: Francisco Vargas Marcos

6.3. TÉCNICAS DE MEDICIÓN

Existen medidores de ozono para determinar el contenido de ozono en el aire o en el agua. Los medidores de ozono se aplican esencialmente en la técnica medioambiental, aunque también se usan en procesos industriales. Por ello y especialmente los medidores de ozono en agua son imprescindibles en el tratamiento de aguas o en instalaciones de reciclaje, como por ejemplo en procesos de desinfección. El manejo es muy sencillo. La recalibración de este tipo de aparatos puede ser realizada por el usuario en cualquier momento. Los medidores de ozono en aire requieren una calibración más complicada.

6.3.a. Medida de ozono directo:

En cualquier instalación de ozono, a fin de garantizar la seguridad del sistema frente a fugas, deben incluirse detectores específicos para este gas. La forma más básica de controlar el ozono en aire es mediante colorimetría, con tiras reactivas de yoduro de potasio que se vuelven azules a su contacto, pero no es un método específico, ya que la prueba da positivo con la mayoría de los oxidantes. Para realizar un control efectivo continuado se suelen utilizar acumuladores electroquímicos, fotometría de ultravioletas o quimioluminiscencia, conectando el dispositivo de detección elegido a un sistema de alarma que actúe cuando se alcancen ciertas concentraciones.

Medidores de ozono

Según el estándar, un sensor funciona dos años con resultados óptimos (con escasa variación) antes de tener que ser cambiado. En el caso de los medidores de ozono en aire, disponemos de aparatos empleados exclusivamente para medir ozono.

Todos los medidores de ozono, tanto en agua como en aire, pueden ser fijos o portátiles; los portátiles son de fácil manejo ya que están diseñados especialmente para los operarios  encargados de efectuar las mediciones, pudiendo estos llevarlos a cualquier lugar en el que deban medir.

6.3.b. Medida de ozono indirecto:

La medida de potencial REDOX es usada para tratamientos de desinfección de aguas como mediada indirecta de la cantidad de ozono disuelto que puede tener un agua.

En efecto, la capacidad de oxidación de una sustancia viene definida por su **potencial redox**, que se refiere a la carga eléctrica de una molécula formada en una reacción química de oxidación-reducción, y se encuentra disuelta en un medio acuoso.

Se denomina **reacción de reducción-oxidación**, de **óxido-reducción** o, simplemente, **reacción redox**, a toda reacción química en la que uno o más electrones se transfieren entre los reactivos, provocando un cambio en sus estados de oxidación.

Para que exista una reacción de reducción-oxidación, en el sistema debe haber un elemento que ceda electrones, y otro que los acepte:

- El agente oxidante es aquel elemento químico que tiende a captar esos electrones, quedando con un estado de oxidación inferior al que tenía, es decir, siendo reducido. (en nuestro caso, el ozono)

- El agente reductor es aquel elemento químico que suministra electrones de su estructura química al medio, aumentando su estado de oxidación, es decir siendo oxidado.

Un alto potencial redox en agua, pues, garantiza su pureza, al constituir éste un valor que determina el nivel de eficacia de ese agua en la eliminación de los microorganismos presentes en ella, ya que la base de la acción bactericida de un agente es la oxidación de componentes fundamentales para la supervivencia de los microorganismos.

También se debe al alto nivel de potencial redox la escasa presencia de materia orgánica que, de esta manera, no puede servir de sustrato a los microbios.

Por lo tanto, un aspecto importante del potencial redox es su interrelación con el concepto de esterilización, habiéndose establecido el efecto esterilizante a 750mV. Así, el potencial redox es un indicador del grado de contaminación de un agua y del poder germicida de la misma.

- Un potencial redox de 200 mV, indica que toda la gama de gérmenes posibles está presente en dicho agua.

- Sin embargo, simplemente pasando de 200 a 300 mV, los gérmenes se reducen del 90% al 10%.

- Si se aumenta el potencial a 400 mV, únicamente el 1% de los gérmenes originales estará presente.

- Las redes urbanas de agua potable trabajan, por ley, con valores superiores a 700 mV.

El ozono, como agente oxidante, constituye uno de los más eficaces desinfectantes, al ser su potencial de oxidación de 2.070 mV frente a los 1.360 mV del cloro.

Los medidores de ozono disuelto (medida directa del ozono) suelen ser dispositivos de mayor coste económico, por lo que se tiende a trabajar con la medida del Redox en instalaciones más sencillas. Como decimos, según aumenta el potencial redox, el agua posee mayor capacidad desinfectante, ya que los microorganismos no pueden vivir en un medio tan oxidante.

POTENCIAL REDOX FRENTE A CONCENTRACIÓN DE OZONO

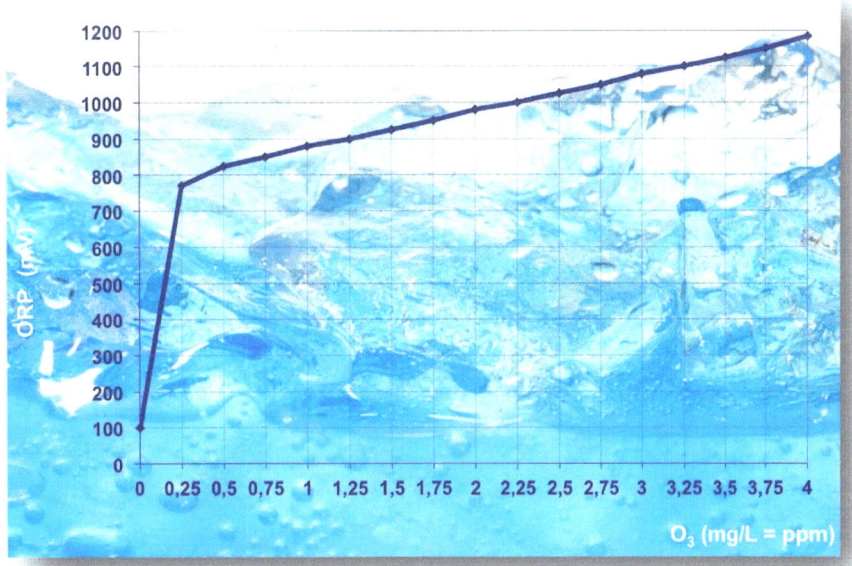

Los sensores de Redox disponen de puntos de alarma configurables con la finalidad de poder regular el arranque y parada del sistema de ozonización con la salida eléctrica que proporciona. En la gráfica anterior se representa la relación entre el valor del potencial redox y la cantidad de ozono disuelto en el agua.

7. USOS DEL OZONO: VÍAS DE ADMINISTRACIÓN

El ozono, como ya hemos adelantado, resulta útil para la eliminación de compuestos químicos y microbiológicos contaminantes, tanto aplicado en aire como en agua.

7.1. EL OZONO APLICADO EN AIRE

Desde el principio del mundo, la existencia de ambientes hostiles ha obligado al hombre a evolucionar y protegerse del medio para poder desarrollar su actividad laboral y su vida en las mejores condiciones posibles. Así, en la actualidad, los seres humanos pasan gran parte de su vida protegidos del exterior y desarrollando su existencia en ambientes artificiales que, con mucha frecuencia, se convierten en un agente agresor causante de diferentes enfermedades.

El principal peligro de las construcciones modernas lo constituye el hermetismo con que se edifica, a modo de "burbuja", realizándose la ventilación de los locales a través del aire acondicionado. Cuando éste es central, y no se lleva a cabo una correcta limpieza periódica, se puede acumular en el interior de los conductos materia de todo tipo: pájaros muertos, ratones, cucarachas y, en consecuencia, microorganismos de diversas clases, convirtiéndose así las salidas de aire en auténticas "inyecciones" de bacterias.

De esta manera, aunque los edificios casi siempre protegen a sus ocupantes de la contaminación reinante en la ciudad, en muchos casos, durante la vida útil del edificio, los índices de esta pueden excederse debido a las malas condiciones internas de suciedad, polvo, humedad, gases tóxicos, hongos y aguas detenidas, o bien crear cuadros absolutamente nuevos de contaminación en el interior del edificio, por lo que resulta indispensable conocer y ser capaces de diagnosticar este cuadro, a fin de evitar las consecuencias negativas que para la salud de las personas implica, preferiblemente mediante la oportuna prevención de riesgos antes de que se presente el problema.

Es aquí donde el introducir de forma periódica en los ambientes interiores un control de los agentes causantes de enfermedades da un valor añadido y eleva a un nivel superior la calidad ambiental, aumentando seguridad de los ocupantes respecto a contagios y posibles enfermedades.

Entre las causas de lo que se conoce como "Síndrome del edificio enfermo", encontramos unas de origen físico, otras de origen químico y, por último, causas biológicas; éstas se relacionan con el sistema de Aire Acondicionado, no únicamente por su capacidad de reciclar los contaminantes por todo el ambiente en su función de retorno, sino por constituir un hábitat adecuado para los microorganismos por razones de humedad, oscuridad y temperatura, siendo un caldo de cultivo ideal y favoreciendo así la proliferación de hongos, virus, bacterias y ácaros que pudieran ser incorporados al sistema por algún portador contaminado (visitante o residente).

Resulta evidente que también se encontrarán afectados por el síndrome aquellos edificios en los que las moquetas, cortinas y muebles sirvan de vivero a hongos o bacterias perjudiciales para la salud, las resinas utilizadas en los muebles emitan compuestos tóxicos o en los que, a pesar de tener la temperatura interior adecuada, se produzcan corrientes de aire.

El ozono constituye una herramienta eficaz a la hora de combatir contaminantes químicos y biológicos en aire, entre los que se cuentan los causantes de malos olores, que pueden llegar a resultar un problema grave en determinados locales.

Efectivamente, los malos olores pueden llegar a producir fatiga en el empleado así como un rechazo frontal del cliente a la hora de elegir un restaurante, una escuela infantil, guardería o un geriátrico para un familiar directo.

Los olores nos ayudan a crear imágenes visuales respecto a personas, lugares de ocio o entretenimiento y los propios hogares. Cuando nos creamos una imagen, ésta a su vez está asociada a una idea o concepto que puede ser positivo o negativo en función del rechazo o aceptación que muchas veces los olores provocan.

7.2 EL OZONO APLICADO EN AGUA

El tratamiento de agua es un reto que requiere de procesos comprobados para conseguir y mantener una excelente calidad. El ozono es la solución ideal a este reto: su capacidad de desinfectar agresivamente sin dejar residuos es su gran virtud.

En primer lugar, debido al fuerte poder oxidante del ozono, la calidad de la desinfección que este proporciona es muy superior a la que se consigue con un tratamiento con cloro. De esta forma, se consigue eliminar virus, bacterias y microorganismos, en general cloro-resistentes.

El tratamiento de agua mediante ozonización beneficia su calidad y la hace más saludable.

Los tratamientos que usan productos químicos pueden resolver los problemas de higienización de las aguas, pero a cambio dejan pequeños residuales químicos en las mismas, contaminando el medio y el producto, e incluso pueden afectar a la salud de las personas.

Cuando el agua tratada con químicos se usa para higienizar superficies o alimentos es necesario hacer muchos enjuagues, con el consecuente derroche de agua y gasto añadido.

Los sistemas más populares de inyección de ozono para tratamiento de agua son:

1. Inyección mediante difusor poroso
2. Inyección mediante tubo venturi
    a. By-pass
    b. Recirculación en depósito abierto con flotador
    c. Recirculación en depósito presurizado

El ozono es un gas, por lo tanto un método adecuado de transferencia gas/liquido es crucial para un diseño eficiente del sistema.

7.2.a. Solubilidad de ozono en agua

La solubilidad es propiedad de una sustancia química sólida, líquida o gaseosa llamada soluto para disolverse en un disolvente sólido, líquido o gaseoso.

Un gas con el que todos están familiarizados es el oxígeno. Lo respiramos todos los días, pero también lo hacen los peces que viven bajo el agua. Esto significa que O_2 es soluble con el agua. El gas ozono (O_3) es 13 veces más soluble en agua que el gas O_2.

Así pues, a la hora de saber cuánto ozono tenemos en un agua, debemos tener en cuenta las condiciones que afectan a la solubilidad de ese gas, ya que no tienen por qué coincidir las dosis de ozono que se inyectan en un depósito con las cantidades de ozono que finalmente se encuentran disueltas en el agua de ese depósito.

CONDICIONES QUE AFECTAN LA SOLUBILIDAD DE UN GAS EN AGUA

1. Temperatura del agua (El ozono, por ejemplo, es más soluble en agua a 10°C que agua a 30°C).

2. La presión del agua. Agua a 2,5 bares tendrá doble solubilidad que agua a 0,7 bares.

3. Si el gas que se está mezclando con el agua está en una concentración incrementada, eso permitirá aumentar la solubilidad.

4. Un gas presurizado, es decir, un gas que está en una presión incrementada, siendo aplicado en agua que también está bajo una presión incrementada, verá aumentada su solubilidad.

5. La eficiencia del dispositivo con el cual se quiere introducir el ozono en el agua, es decir, la forma de transferir el gas al líquido que veremos a continuación.

Añadiendo cualquiera de las condiciones mencionadas en el proceso, la solubilidad mejorará. Combinando más de una será incluso mejor.

7.2.b. Transferencia por burbujeo

El método de difusor poroso es muy popular y barato para inyectar ozono en agua. La transferencia de gas ozono ocurre en el área inmediata entre la burbuja de ozono y el agua circundante.

Los difusores permiten que el gas ozono pase a través de una membrana porosa creando así muchas pequeñas burbujas de ozono en el agua. A medida que la burbuja de ozono aumenta, el gas en el borde de la burbuja es transferido al agua. El uso de un difusor requiere suficiente presión para superar la altura del agua y cualquier restricción en los difusores debido al tamaño de sus poros.

El diámetro de una burbuja de gas tiene un impacto dramático en la superficie: la

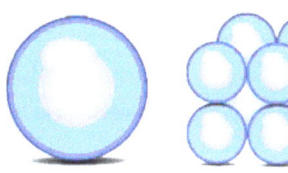

transferencia de gas ozono en el agua está directamente relacionada con su área de superficie (área total de la superficie de la burbuja). Como se observa en la figura, el volumen total es el mismo, pero cambia el tamaño de las burbujas Las burbujas pequeñas tienen mucha mejor transferencia de ozono.

Ejemplo de aplicación:

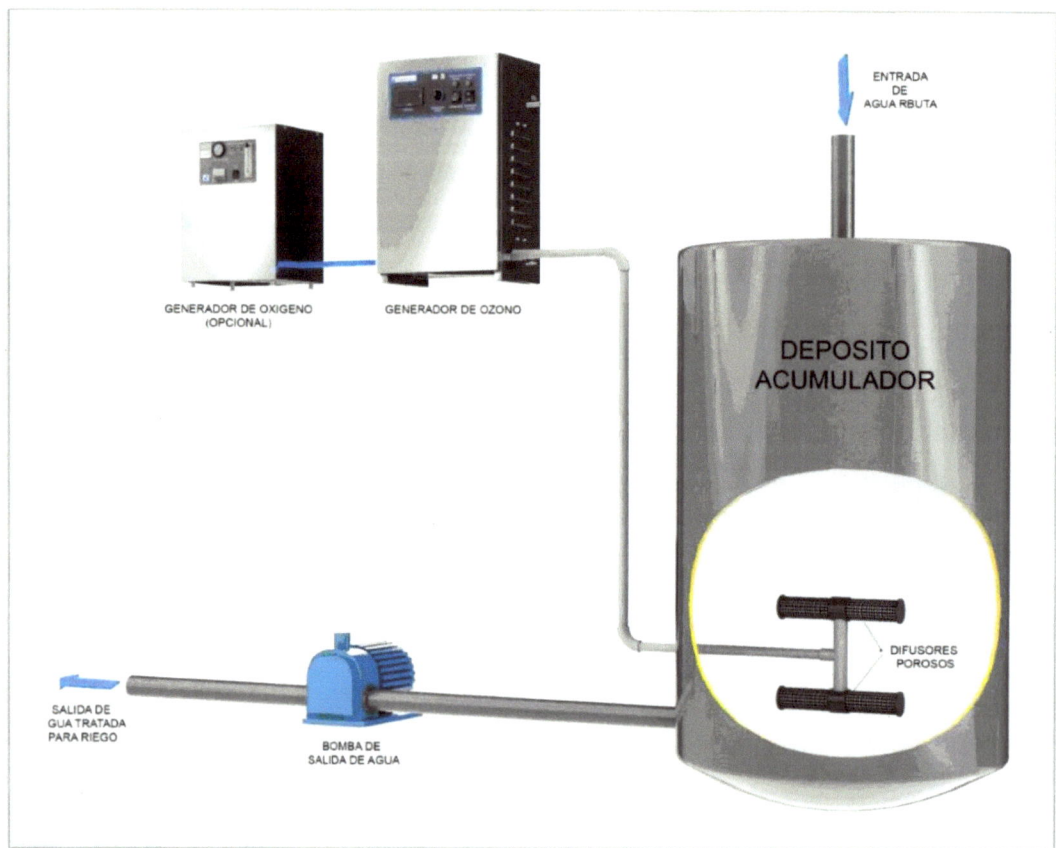

Ventajas:

- Bajo coste
- Fácil de instalar
- Bajo consumo de energía: no necesita bomba de recirculación

Inconvenientes:

- Ineficiencia: ronda entre 10-25% (depende de la altura del agua, cuanto más alto es el deposito, mejor será la transferencia)
- Suelen ser necesarias altas columnas o vasos de agua
- Dificultad de utilizar en caudales de agua presurizados
- Los difusores porosos pueden atascarse, requiriendo limpieza

7.2.c. Transferencia vía venturi

Los inyectores venturi trabajan forzando el agua a pasar por un cuerpo cónico. Esta acción crea una diferencia de presión entre la entrada y la salida del tubo venturi, lo que resulta en un vacío dentro del cuerpo del inyector. Este vacío causa una succión rápida a través de la entrada. De esta forma, el ozono es inyectado en el agua. Esta acción se conoce como *efecto venturi*.

Ejemplo de aplicación:

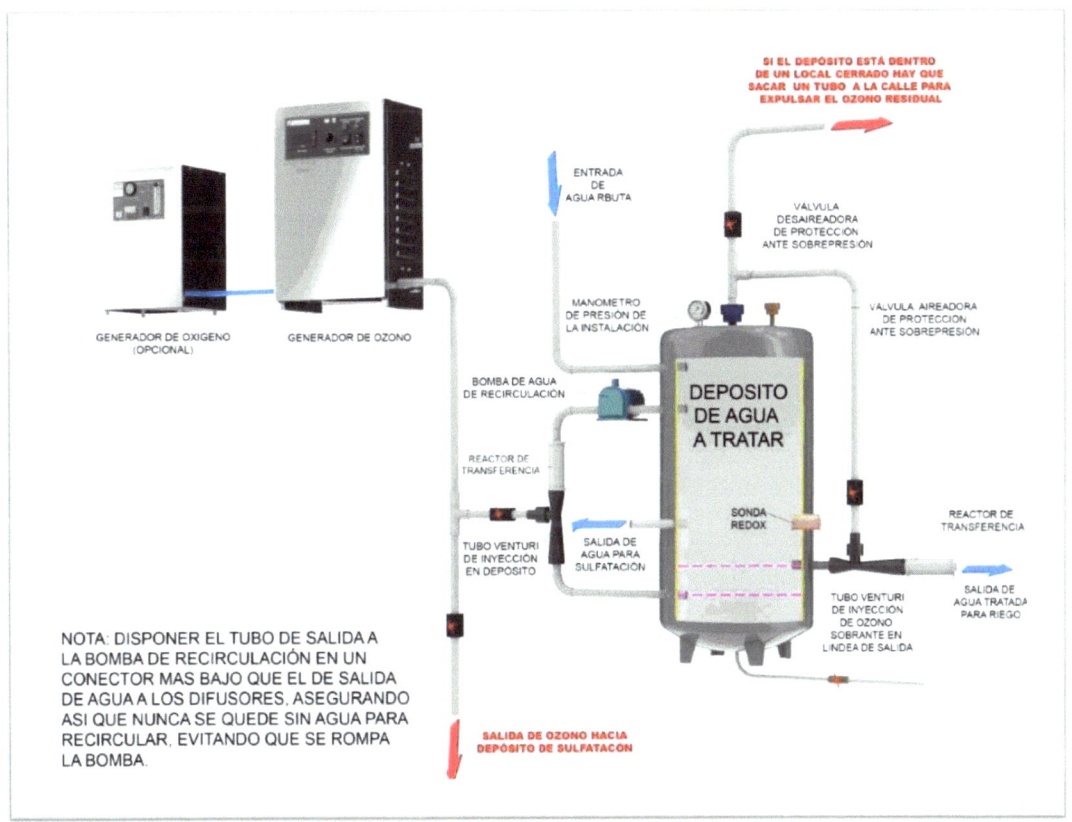

Ventajas:

- Eficiencia de transferencia de 98%[3]
- Trabaja bien en fuentes presurizadas
- Mantenimiento mínimo.
- Transferencia más controlada y constante en el tiempo

Inconvenientes:

- Requiere energía de una bomba de recirculación o alimentación de agua presurizada.

---

[3] Se requiere una muy alta relación de líquido a gas para conseguir una eficiencia de transferencia del 98%. De hecho, la relación requerida no sería económica. La eficiencia de transferencia de un venturi más típica varía entre 50 a 70% (sin el uso de presión).

Los sistemas más usados de transferencia vía venturi son mediante By-pass, haciendo una recirculación en depósito abierto con flotador o mediante recirculación en depósito presurizado. Este último sistema es el más efectivo en cuanto a transferencia de ozono al agua, pudiendo en ese caso alcanzar el 98% al que hacíamos referencia.

7.2.d. Qué es el valor CT (dosis de ozono/tiempo)

A la hora de aplicar el ozono en el agua se debe tener en cuenta no sólo la dosis de biocida que se aplica, sino también el tiempo de contacto que dicho biocida tiene para actuar. Jugando con estas dos variables se obtienen los mejores resultados en función del tiempo disponible para el tratamiento y de la salida nominal de ozono del generador.

Se denomina "CT" al producto de la **concentración del desinfectante residual** (C), expresada en mg/L, con el correspondiente **tiempo de contacto** (T) expresado en minutos. Es decir, en el caso que nos ocupa, CT es la concentración de ozono disuelta multiplicado por el tiempo de contacto.

La Agencia de Protección del Medio Ambiente (EPA) en EE.UU. ha señalado un factor "CT" de concentración de ozono (mg/L) x Tiempo (minutos) de 0,72 a 20° C para desactivar 99,9% de los quistes de *Giardia lamblia* (parásitos transmitidos por el agua, muy difíciles de matar) y más de 99,9% de los virus entéricos. Esto significa que se necesitaría, por ejemplo, 0,24 mg/L de ozono residual disuelto, mantenido durante tres minutos.

La cantidad de ozono requerido para alcanzar estos valores de CT y asegurar una desinfección efectiva dependerá de la temperatura del agua, el pH, la demanda inicial de ozono (cantidad que hay que dosificar antes de empezar a generar un residual) y el sistema de contacto ozono-agua. En general, esta cantidad suele oscilar entre 1 y 2 mg/L de dosificación de ozono al agua.

Temperatura, °C	CT
<1	2,90
5	1,90
10	1,40
15	0,95
20	0,72
>25	0,48

Tabla: CT requerido para desinfectar con ozono con respecto a la Tª

7.3 EL OZONO COMO BIOCIDA

El ozono, como hemos visto, es un gas con gran poder de oxidación. Su elevada capacidad para destruir microorganismos como bacterias, virus y olores, junto con su inocuidad, lo convierten en una valiosa herramienta para alcanzar los niveles más altos en calidad ambiental y seguridad alimentaria. A diferencia de otros productos químicos, el ozono, tras realizar su función desinfectante, vuelve a convertirse en oxígeno en un espacio relativamente corto de tiempo, garantizando la ausencia de cualquier residuo químico en la superficie del alimento o en las aguas tratadas mediante este procedimiento.

7.3.a. Cómo elimina el ozono los microorganismos

Cuando este gas es inyectado en **agua o aire**, puede ejercer su poder oxidante mediante dos mecanismos de acción:

1. Oxidación directa de los compuestos mediante el ozono molecular.

2. Oxidación por radicales libres hidroxilo.

Los radicales libres hidroxilo, (OH^-), se generan en el agua según las reacciones

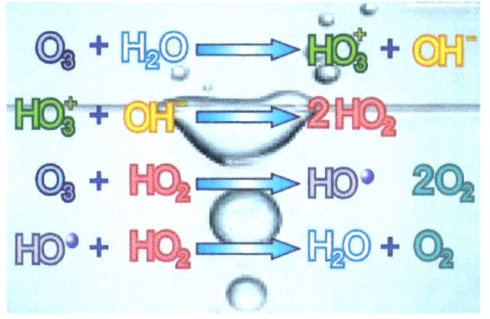

de la figura de la derecha.

Los radicales libres así generados, constituyen uno de los más potentes oxidantes en agua, con un potencial de 2,80 V. No obstante, presentan el inconveniente de que su vida media es del orden de microsegundos, aunque la oxidación que llevan a cabo es mucho más rápida que la oxidación directa por moléculas de ozono.

Así, dependiendo de las condiciones del medio, puede predominar una u otra vía de oxidación:

- En condiciones de bajo pH, predomina la oxidación molecular.
- Bajo condiciones que favorecen la producción de radicales hidroxilos, como es el caso de un elevado pH, exposición a radiación ultra-violeta, o por adición de peróxido de hidrógeno, empieza a dominar la oxidación mediante hidroxilos. (EPA Guidance Manual, 1999).

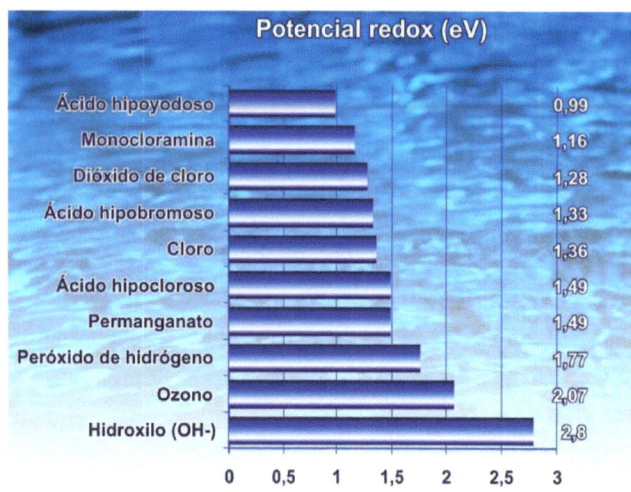

Se puede decir que el ozono no tiene límites en el número y especies de microorganismos que puede eliminar, dado que actúa sobre estos a varios niveles.

La **oxidación directa de la pared celular** constituye su principal modo de acción. Esta oxidación provoca la rotura de dicha pared, propiciando así que los constituyentes celulares salgan al exterior de la célula. Asimismo, la producción de radicales hidroxilo como consecuencia de la desintegración del ozono en el agua, provoca un efecto similar al expuesto.

Los daños producidos sobre los microorganismos no se limitan a la oxidación de su pared: el ozono también causa daños a los constituyentes de los ácidos nucleicos (ADN y ARN), provocando la ruptura de enlaces carbono-nitrógeno, lo que da lugar a una **despolimerización**. Los microorganismos, por tanto, no son capaces de desarrollar inmunidad al ozono como hacen frente a otros compuestos.

A modo de ejemplo, hemos de decir que el cuerpo humano también se protege a sí mismo a través de procesos oxidativos. De hecho, los glóbulos blancos buscan gérmenes en el torrente sanguíneo. Estos fagocitan el leucocito que, una vez dentro de la pared celular, metaboliza el agua en oxidantes como hidroxilo (OH-) y peróxido de hidrógeno (H_2O_2). Esta acción destruye la célula intrusa de dentro hacia fuera.

El ozono es eficaz, pues, en la **eliminación de bacterias, virus, protozoos, nemátodos, hongos, agregados celulares, esporas y quistes** (Rice, 1984; Owens, 2000; Lezcano, 1999).

Por otra parte, **actúa a menor concentración y con menor tiempo de contacto** que otros desinfectantes como el cloro, dióxido de cloro y monocloraminas.

Además el ozono, como indicábamos previamente, **oxida sustancias citoplasmáticas**, mientras que el cloro únicamente produce una destrucción de centros vitales de la célula, que en ocasiones no llega a ser efectiva por lo que los microorganismos logran recuperarse.

El efecto del ozono por debajo de un cierto valor crítico de concentración es pequeño o nulo. Por encima de este nivel todos los patógenos son finalmente destruidos. Este efecto se conoce como "respuesta de todo o nada", y el nivel crítico como "valor umbral".

Según la OMS, el ozono es el desinfectante más eficiente para todo tipo de microorganismos.[4] En el documento de la OMS al que nos referimos, se detalla que, con concentraciones de ozono de 0,1-0,2 mg/L.min, se consigue una inactivación del 99% de rotavirus y polio-virus, entre otros patógenos estudiados.

7.3.b. Ozono y virus, bacterias y hongos

Los microorganismos patógenos son los responsables de las enfermedades de tipo infeccioso, transmitidas por virus bacterias y hongos, y responsables, en ocasiones, de grandes epidemias. Se transmiten la mayoría de las veces por contacto entre humanos; en algunos casos por las vías respiratorias o bucales, en otros, por contacto de sangre de una persona afectada con la de otra sana, e incluso por fluidos corporales (genitales en el caso de las enfermedades víricas venéreas).

7.3.b.a. Las bacterias

Son organismos unicelulares procariotas (carecen de una membrana que aísle el material genético del resto del citoplasma) cuyo tamaño oscila entre 1,3 y 10 micras. La organización de una bacteria es muy simple. En la imagen podemos ver sus principales elementos estructurales:

Los elementos más interesantes para nosotros son la cápsula y la pared bacteriana, ya que, paradójicamente, son los puntos que hacen a las bacterias más vulnerables a la acción de desinfectantes y antibióticos. Y decimos "paradójicamente" porque estas estructuras son las que le ofrecen protección y sostén.

---

[4] http://www.who.int/agua_sanitation_health/dwq/S04.pdf

La cápsula bacteriana regula los procesos de intercambio de agua, iones y sustancias nutritivas, además de servir como almacén externo de elementos nutritivos. Además, sirve como defensa a la bacteria frente a anticuerpos, bacteriófagos y células fagocíticas. Asimismo protege a la bacteria de la desecación del medio, ya que esta envoltura contiene gran cantidad de agua.

La pared es una envoltura rígida y fuerte que da forma a la célula bacteriana. Esta estructura mantiene la forma de las bacterias frente a variaciones de la presión osmótica. También actúa como una membrana semipermeable regulando el paso de iones. Esta envoltura, una vez formada, es resistente a la acción de los antibióticos, ya que estos actúan sobre las enzimas que regulan la formación de la pared.

Cualquier sustancia que rompa la cápsula o la pared bacteriana, conseguirá su destrucción total o parcial, dependiendo del nivel de daño que origine de la sustancia.

El ozono destruye con gran rapidez capsula y pared bacteriana:

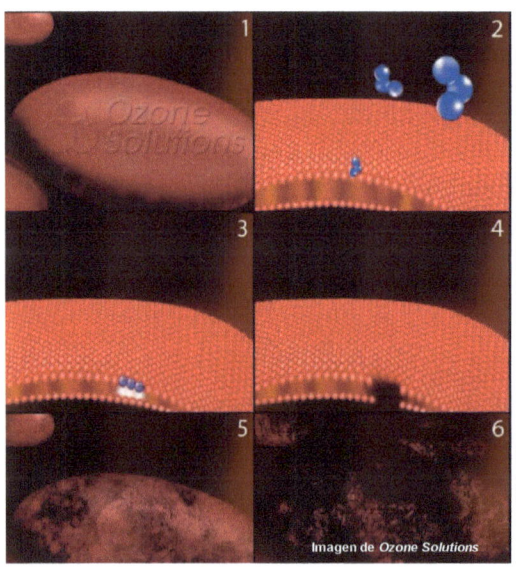

Imagen de *Ozone Solutions*

1. Una célula sana de bacteria tipo bacilo

2. El ozono entra en contacto con la pared celular. La pared celular es vital para la bacteria ya que asegura que el organismo pueda mantener su estructura.

3. Al entrar en contacto la molécula de ozono con la pared celular, Se produce una "explosión" oxidativa creando un pequeño agujero en la pared celular.

4. El agujero recién creado en la pared celular ha dañado la bacteria.

5. La bacteria empieza a perder su forma mientras las moléculas de ozono continúan haciendo agujeros en la pared celular.

6. Después de miles de colisiones de ozono durante sólo unos segundos, la pared bacteriana ya no puede mantener su forma y la célula muere.

La oxidación de las células bacterianas por contacto con el ozono suele ocurrir entre 1 y 10 segundos.

TABLA 1: RESULTADOS DE LA OZONIZACIÓN EN BACTERIAS

Medio	Organismo	Ozono (ppm)	Tiempo (segundos)	Supervi-vencia (%)	Referencia bibliográfica
Aire	S. salivarius	0,6	600	2	Elford & van de Eude (1942)
	S.epidermis	0,60	240	0,6	Heindel et al. (1993)
Agua	B. subtilis	2,2	90	0,01	Botzenhart et al. (1993)
	E. coli	1,3	10	0,003	Katzenelson & Shuval (1973)
	S. typhimurium	0,36	36	0,0002	Farooq et al. (1983)
	E. coli	0,81	30	0,00003	Finch et al. (1988)
	E. coli	12	62	0,00015	Bunning & Hempel (1995)
	E. coli	2	15	0	Burleson et al. (1975)
	S. aureus	2	15	0	Burleson et al. (1975)

7.3.b.b. Los virus

Los virus son agentes infecciosos que constan de un solo ácido nucleico (ADN o ARN), rodeado por una cubierta formada por una o varias proteínas, capaces de transmitir su genoma de una célula a otra, utilizando la maquinaria enzimática del hospedador para su multiplicación intracelular (Fraenquel – Conrat).

Estas partículas infectan tanto células procariotas (bacteriófagos) como eucariotas (virus de plantas y animales), por lo que el número de enfermedades provocadas por virus es altísimo.

En cuanto a su estructura, los virus pueden dividirse en **virus envueltos** (con una envoltura constituida por una membrana de doble capa lipídica asociada a glicoproteínas que pueden proyectarse en forma de espículas desde la superficie de la partícula viral hacia el exterior), o **virus desnudos**, que carecen de envoltura.

Debido a que carecen de esta envoltura lipídica, **los virus desnudos son más resistentes a la acción de los alcoholes y detergentes comúnmente empleados en desinfección**, por lo que, como ya se ha comentado, una de las exigencias de la EPA para el registro de un producto como viricida de uso hospitalario es que en su etiqueta se especifique que es capaz de eliminar virus desnudos (norovirus, rotavirus, adenovirus, virus de la poliomielitis...).

Los **norovirus**, por ejemplo, constituyen un género de virus ARN de la familia *Caliciviridae*, responsable del 50% de los brotes de gastroenteritis por intoxicación alimentaria en EE. UU.; los **rotavirus** son la causa más común de diarrea grave en neonatos y niños pequeños. Se trata de uno de los varios virus que a menudo causan las infecciones denominadas gastroenteritis. Es un género de virus ARN bicatenario de la familia *Reoviridae;* por su parte, los **adenovirus** (*Adenoviridae*) son una familia de virus que infectan tanto humanos como animales. Son virus no encapsulados de ADN bicatenario que pueden provocar infecciones en las vías respiratorias, conjuntivitis, cistitis hemorrágica y gastroenteritis.

Estos tres tipos de virus se encuadran en el grupo de **virus entéricos**, que infectan las células del tracto gastrointestinal. Asimismo, dentro de esta categoría se incluyen el virus de la hepatitis A, o los parvovirus.

En cuanto a la **poliomielitis**, el virus que la provoca, el poliovirus pertenece al género *Enterovirus*, familia *Picornaviridae*. Es un pequeño virus ARN (ácido ribonucleico), de cerca de 300 Angstrom de diámetro, cuyo genoma está compuesto por una hélice simple de ARN en sentido positivo; el poliovirus está considerado como uno de los virus más simples. Según el Centro de Control y Prevención de Enfermedades (CDC), "*Los virus encapsulados son susceptibles a una amplia gama de desinfectantes hospitalarios utilizados para la desinfección de superficies duras no porosas. En contraste, los virus desnudos son más resistentes a los desinfectantes.*"

En la **tabla 2** reflejamos los resultados de distintos estudios sobre la capacidad de destrucción del ozono de determinados virus.

Como se puede observar, en esta tabla están incluidos los virus desnudos contemplados por la EPA a la hora de decidir la eficacia desinfectante de un producto: rotavirus, dentro del grupo de los virus entéricos, así como el virus de la poliomielitis.

TABLA 2: RESULTADOS DE LA OZONIZACIÓN EN VIRUS

Medio	Organismo	Ozono (ppm)	Tiempo (segundos)	Supervi-vencia (%)	Referencia bibliográfica
Aire	*pX174*	0,04	480	0,1	de Mik (1977)
Agua	*Poliovirus 1*	0,20	360	1	Harakeh & Butler (1985)
	NDV	2,00	417	1	Pérez-Rey (1995)
	Poliovirus 1	0,21	120	0,1	Roy et al. (1982)
	Poliovirus 1	1,50	8	0,5	Katzenelson et al. (1979)
	Fago T2	1,30	70	0,003	Katzenelson (1973)
	Fago T7	0,95	240	0,001	Lockowitz (1973)
	Rotavirus SA-11	0,25	10	0,001	Vaughn et al. (1987)
	Hepatitis A	1,66	5	0,00001	Hall & Sobsey (1993)

Evidentemente no hay estudios específicos sobre la inactivación de los virus más infecciosos con ozono (como tampoco con otros desinfectantes), debido al riesgo que implicarían dichos estudios, sin mencionar el coste que supondrían.

Se utilizan, a modo de indicadores de la eficacia de un biocida, virus que no implican riesgos, ni para los investigadores ni por un posible accidente. Los bacteriófagos (como el pX174) han sido ampliamente utilizados como indicadores de poliovirus, enterovirus, virus envueltos y Virus de Inmunodeficiencia Humana (VIH), debido a que son seguros y fáciles de manejar.[5]

---

[5] Dileo et al. 1993; Lytle et al. 1991; Maillard et al. 1994

En un ensayo más reciente (2006)[6], se estudió **una serie de fagos**, (virus usados como indicadores, como hemos señalado) desnudos y envueltos, con los cuatro tipos de material genético posible: de cadena simple (ssARN, ssADN) y de cadena doble (dsARN y dsADN), a fin de **determinar la capacidad viricida del ozono** en distintas condiciones. Ya que el ozono causa daños principalmente en las proteínas de la cápside, se consideraron asimismo virus con diferentes arquitecturas.

La tabla 3 refleja los resultados obtenidos en este ensayo, con una humedad relativa del 55%:

TABLA 3: RESULTADOS DEL ESTUDIO DE LA EFICACIA DEL OZONO EN LA INACTIVACIÓN DE BACTERIÓFAGOS EN AIRE EN 3,8 SEGUNDOS

Bacteriófago	Material genético	Envoltura	Para 90% de inactivación	Para 99% de inactivación
MS2	ssARN	Desnudo	3,43 ppm	6,63 ppm
phiX174	ssADN	Desnudo	1,87 ppm	3,84 ppm
Phi 6	dsARN	Envuelto	1,16 ppm	2,50 ppm
T7	dsADN	Desnudo	5,20 ppm	10,33 ppm

Puede observarse que en un tiempo muy corto, se consiguen disminuciones del 99% en la carga viral con concentraciones de ozono de 2,5 a 10 ppm.

Asimismo es de remarcar el efecto que estas concentraciones de ozono en aire tienen en los **virus desnudos** que, como ya se ha indicado, al carecer de envoltura lipídica, suelen ser más resistentes a los desinfectantes normalmente empleados en el ámbito hospitalario. La mayor concentración de ozono necesaria para la inactivación de los virus MS2 y T7 se explica por la mayor complejidad de su envoltura lipídica (180 y 415 moléculas en la cápside respectivamente, frente a las 60 y 120 de los phi X174 y phi 6.

---

[6] Chun-Chieh Tseng & Chih-Shan Li (2006), "Ozono for Inactivation of Aerosolized Bacteriophages", *Aerosol Science and Technology*, 40:9, 683-689, 2006.
DOI: 10.1080/02786820600796590

DOSIS DE OZONO (CT) EMPLEADA EN LA ELIMINACIÓN DE MICROORGANISMOS

Aspergillus Niger (Moho negro)	Destruido con 1,5 a 2 mg/L
Bacillus Bacteria	Destruido con 0,2 m/L en 30 s
Bacillus Anthracis	Susceptible al ozono
Bacillus Cereus	99% eliminación tras 5 min a 0,12 mg/L en agua
B. Cereus (Esporas)	99% eliminación tras 5 min a 2,3 mg/L en agua
Bacillus Subtilis	90% reducción a 0,10-PPM en 33 min
Bacteriophage F2	99,99% eliminación a 0,41 mg/L en 10 s en agua
Botrytis Cinerea	3,8 mg/L en 2 min
Candida Bacteria	Susceptible al ozono
Clavibacter Michiganense	99,99% eliminación a 1.1 mg/L en 5 min
Cladosporium	90% reducción a 0,10 PPM en 12,1 min
Clostridium Bacteria	Susceptible al ozono
Clostridium Botulinum (Esporas)	0,4 a 0,5 mg/L valor umbral
Coxsackie Virus A9	95% destrucción a 0,035mg/L en 10 s en agua
Coxsackie Virus B5	99,99% destrucción a 0,4 mg/L en 2,5 min en lodo
Diphtheria Pathogen	Destruido con 1.5 a 2 mg/L
Eberth Bacillus (Typhus Abdomanalis)	Destruido con 1.5 a 2 mg/L
Echo Virus 29: El virus más sensible al ozono	Tras un tiempo de contacto de 1 min a 1 mg/L de ozono, 99,999% eliminado
Enteric Virus	95% eliminación a 4,1 mg/L en 29 min en agua residual
Escherichia Coli Bacteria (De heces)	Destruido con 0,2 mg/L en 30 s en aire
E-coli (En agua limpia)	99,99% de eliminación a 0,25 mg/L en 1,6 min
Encephalomyocarditis Virus	Destruido a nivel cero en menos de 30 s con 0,1 a 0,8 mg/L
Endamoebic Cysts Bacteria	Susceptible al ozono
Enterovirus Virus	Destruido a nivel cero en menos de 30 s con 0,1 a 0,8 mg/L
Fusarium Oxysporium S Sp. Lycopersici	1,1 mg/L en 10 min
Fusarium Oxysporium F Sp. Melonogea	99,99% de eliminación a 1,1 mg/L en 20 min
GDVII Virus	Destruido a nivel cero en menos de 30 s con 0,1 a 0,8 mg/L
Hepatitus A Virus	99,5% de reducción a 0,25 mg/L en 2 s en tampón fosfato
Herpes Virus	Destruido a nivel cero en menos de 30 s con 0,1 a 0,8 mg/L
Influenza Virus	0,4 a 0,5 mg/L valor umbral
Klebs-Loffler Bacillus	Destruido con 1a5 a 2 mg/L
Legionella Pneumophila	99,99% destrucción a 0,32 mg/L en 20 min en agua destilada
Luminescent Basidiomycetes	Destruido en 10 min at 100 PPM
Mucor Piriformis	3,8 mg/L en 2 min
Mycobacterium Avium	99,9% con CT de 0,17 en agua
Mycobacterium Foruitum	90% eliminación a 0,25 mg/L en 1,6 min en agua
Penicillium Bacteria	Susceptible al ozono
Phytophthora Parasitica	3,8 mg/L en 2 min
Poliomyelitis Virus	99,99% eliminación con 0,3 a 0,4 mg/L en 3-4 min
Poli ovirus Type 1	99,5% eliminación a 0,25 mg/L en 1,6 min en agua
Proteus Bacteria	Muy susceptible
Pseudomonas Bacteria	Muy susceptible
Rhabdovirus Virus	Destruido a nivel cero en menos de 30 s con 0,1 a 0,8 mg/L
Salmonella Bacteria	Muy susceptible
Salmonella Typhimurium	99,99% de eliminación a 0,25 mg/L en 1,67 min en agua
Schistosoma Bacteria	Muy susceptible
Staph Epidermidis	90% de reducción a 0,1 ppm en 1,7 min
Staphylococci	Destruido con 1,5 a 2,0 mg/L
Stomatitis Virus	Destruido a nivel cero en menos de 30 s con 0,1 a 0,8 mg/L
Streptococcus Bacteria	Destruido con 0.2 mg/L en 30 s
Verticillium Dahliae	99,99% de eliminación a 1,1 mg/L en 20 min
Vesicular Virus	Destruido a nivel cero en menos de 30 s con 0,1 a 0,8 mg/L
Virbrio Cholera Bacteria	Muy susceptible

8. APLICACIONES DEL OZONO

A tenor de todo lo expuesto hasta ahora, es fácil imaginar la cantidad de aplicaciones posibles para los tratamientos con ozono, en las que aporta no sólo su gran eficacia como desinfectante, sino también su capacidad para eliminar los compuestos responsables de olores desagradables o compuestos químicos nocivos como los COVs, entre otras ventajas adicionales que se van descubriendo con sus uso. Es curioso, por ejemplo, el "efecto secundario" que parece tener sobre moscas y otros insectos, a los que ahuyenta.

A continuación exponemos algunos ejemplos prácticos de campos en los que se aplica el ozono.

8.1. AMBIENTES INTERIORES

"Los ozonizadores tienen su origen en el intento de combatir y eliminar desde los malos olores, hasta los agentes contaminantes del aire" como bacterias, hongos, virus y compuestos orgánicos volátiles presentes en aire respirable, o bien en los conductos de aire acondicionado.

"Con el aire respiramos la mayor parte de nuestras enfermedades. En contacto con el OZONO los microbios quedan quemados y las toxinas destruidas". **(Pasteur).**

Como ya hemos comentado, el principal peligro de las construcciones modernas lo constituye el hermetismo con que se edifica, a modo de "burbuja", realizándose la ventilación de los locales a través del aire acondicionado. Cuando este tipo de edificios no reciben el mantenimiento adecuado, pueden generar una serie de problemas que se conocen como "Síndrome del edificio enfermo".

El término "Síndrome del Edificio Enfermo", usado por primera vez en los años setenta, describe una situación en la que los síntomas de los ocupantes de un local pueden asociarse temporalmente con su presencia en ese lugar. Típicamente, pero no siempre, la estructura es un edificio de oficinas. En los años ochenta, la OMS tipificó entre los males contemporáneos el "Síndrome del Edificio Enfermo" (SEE)[7], definido como la existencia

---

[7] En 1983, la Organización Mundial de la Salud definió el «Síndrome del Edificio Enfermo» como un aumento en la prevalencia de cefalea, fatiga, vértigo, síntomas irritativos de los ojos, nariz y garganta, e infecciones y síntomas de las vías aéreas que se generan en los sitios de trabajo, en ambientes cerrados y en áreas no industriales: «Afecciones de etiología desconocida, por lo general multicausal, que afectan a una proporción importante de ocupantes de edificios no industriales, y cuyos síntomas son difícilmente observables mediante pruebas diagnósticas». (World Health Organization: Indoor Air Pollutants: Exposure and Health Effects: Euro Reports and Studies Nº 78. WHO Regional Office for Europe, Copenhagen, Denmark, 1983).

simultánea de síntomas inespecíficos (dolores de cabeza, mareos, náuseas...) en un conjunto de personas del mismo edificio.

Entre las causas de este Síndrome encontramos unas de origen físico, otras de origen químico y, por último, causas biológicas; éstas se relacionan con el sistema de Aire Acondicionado, no únicamente por su capacidad de reciclar los contaminantes por todo el ambiente en su función de retorno, sino por constituir un hábitat adecuado para los microorganismos por razones de humedad, oscuridad y temperatura, siendo un caldo de cultivo ideal y favoreciendo así la proliferación de hongos, virus, bacterias y ácaros que pudieran ser incorporados al sistema por algún portador contaminado (visitante o residente).

Resulta evidente que también se encontrarán afectados por el síndrome aquellos edificios en los que las moquetas, cortinas y muebles sirvan de vivero a hongos o bacterias perjudiciales para la salud, las resinas utilizadas en los muebles emitan compuestos tóxicos o en los que, a pesar de tener la temperatura interior adecuada, se produzcan corrientes de aire. Asimismo los malos olores, pueden llegar a producir fatiga en el empleado así como un rechazo frontal del cliente a la hora de elegir un restaurante, una escuela infantil o guardería o bien un geriátrico para un familiar directo.

Es importante, cuando ofrecemos y hablamos de los beneficios y ventajas del ozono, explicar a los dueños o responsables de los negocios del canal Horeco, es decir hoteles, restaurantes y colectividades, lo que sus negocios pueden proyectar en la mente de sus clientes.

Puedes cocinar muy bien, tener un servicio maravilloso, una decoración fantástica y una ubicación perfecta, pero si fallan los olores, el valor percibido por el cliente merma de forma considerable.

Por poner un ejemplo: si cualquiera de nosotros va a un restaurante y antes de empezar a degustar los alimentos va a lavarse las manos, y por falta de limpieza, negligencia o bien porque la persona que utilizó los servicios antes que nosotros se descuidó y no tiró de la cadena, en este caso, decíamos, la imagen que nos proyectará este restaurante será negativa, de poca limpieza y en muchos casos de gestión sucia o descuidada. De seguro el gestor del restaurante no está interesado en proyectar esta imagen de su negocio a los clientes, y probablemente ni siquiera es consciente de que está ocurriendo.

Esta realidad es notoria y muchas veces es difícil hacer ver a los gestores o propietarios de negocios las grandes ventajas que el uso de la tecnología del ozono aporta a sus locales de forma clara y con valor inmediato en su cuenta de resultados.

8.1.a. Factores que afectan a la calidad del aire en los espacios cerrados:

A modo de resumen, se puede concluir que las deficiencias más frecuentemente encontradas en edificios son consecuencia de alguno de los factores siguientes:

a) Una ventilación inadecuada.

Motivada, principalmente, por una deficiente filtración del aire debido a una limpieza y mantenimientos incorrectos o a un inadecuado diseño del sistema de filtración.

b) La contaminación interior.

Puede tener como origen al propio individuo, el trabajo, la utilización inadecuada de productos (plaguicidas, desinfectantes, limpieza, abrillantado), los gases de combustión (tabaco, cafeterías, laboratorios) y la contaminación cruzada procedente de otras zonas poco ventiladas que se difunden hacia lugares próximos y los afectan.

c) La contaminación exterior.

Entrada en el edificio de humos de escape de vehículos, gases de calderas, productos utilizados en trabajos de construcción y mantenimiento (asfalto, por ejemplo) y aire contaminado previamente desechado al exterior, que vuelve a entrar a través de las tomas de aire acondicionado. Otro origen pueden ser las infiltraciones a través del basamento (vapores de gasolinas, emanaciones de cloacas, fertilizantes, insecticidas, incluso dioxinas y radón). Está demostrado que al aumentar la concentración en el aire exterior de un contaminante, aumenta también su concentración en el interior del edificio, aunque más lentamente, e igual ocurre cuando disminuye. Por ello se dice que los edificios presentan un efecto de escudo.

En cuanto a la naturaleza de los contaminantes presentes en un edificio, se pueden clasificar en:

8.1.a.a. Productos químicos

a) Procedentes de combustiones:

La presencia de cierto número de contaminantes químicos en el interior de un edificio es debida a productos procedentes de combustiones. La utilización de cocinas, estufas, secadoras, refrigeradores y quemadores de fuel-oil facilita la presencia de óxidos (CO, CO_2, NO, NO_2 y SO_2) en el aire. Algunos de estos contaminantes pueden llegar al aire a partir de fuentes exteriores debido a tomas de aire inadecuadas. Entre todos ellos destacan por su frecuencia los siguientes:

Monóxido de carbono:

El monóxido de carbono se forma por combustión incompleta de sustancias que contienen carbono. Su presencia en medios no industriales es debida a la emisión por motores de combustión interna en garajes dentro del edificio, la toma inadecuada de aire fresco exterior y el fumar. Tiene un efecto asfixiante al unirse a la hemoglobina de la sangre (formando carboxihemoglobina) y disminuir la capacidad de aporte de oxígeno hasta los tejidos.

Humo de tabaco:

Dentro de los principales contaminantes de ambientes interiores merece especial mención el humo de tabaco. Su naturaleza ubicua en lugares cerrados hace inevitable que los no fumadores lo inhalen involuntariamente.

El hecho de fumar representa la liberación en el aire de una mezcla compleja de productos químicos (más de 3000 contaminantes conocidos). Además de monóxido de carbono, dióxido de carbono y partículas, se producen óxidos de nitrógeno y una amplia variedad de otros gases y compuestos orgánicos entre los que destacan aldehídos, tales como formaldehído y acroleína, hidrocarburos aromáticos policíclicos, incluído benzoapireno (BAP), nicotina, nitrosaminas, cianuro de hidrógeno, cetonas y nitrilos, así como cantidades apreciables de arsénico y cadmio.

El humo de tabaco es, pues, una mezcla dinámica y compleja de más de 3.000 productos químicos que se encuentran tanto en una fase de vapor como en partículas.

Los contaminantes gaseosos de las fuentes de combustión incluyen los "atmosféricos prominentes", ya citados (monóxido de carbono, dióxido de carbono) y además dióxido de nitrógeno (NO_2) y dióxido de azufre (SO_2). Los tejidos de nuestro organismo con más necesidad de oxígeno, como el miocardio, el cerebro y los músculos que se ejercitan, son los más afectados por estos atmosféricos internos.

b) Procedentes de materiales empleados en la construcción

La utilización de materiales inadecuados así como con defectos técnicos puede ser una causa habitual de la contaminación del aire interior. Entre los productos químicos detectables por esta causa en ambientes interiores destacan los

Compuestos orgánicos volátiles:

Formaldehído: El formaldehído se emplea extensamente en la formulación de plásticos, especialmente en las resinas de melamina-formaldehído, urea-formaldehído y fenol-formaldehído usadas como aislantes térmicos y barnices. Una inadecuada formulación, un mal curado, así como la degradación producida con el paso del tiempo, son las causas de la emisión de este compuesto al aire ambiente. El formaldehído puede ocasionar irritación en las vías respiratorias y alergias y está considerado como una sustancia sospechosa de inducir procesos cancerígenos.

Disolventes: Otros materiales de construcción que pueden ser fuente de contaminación por generación de compuestos químicos en el aire del interior de un edificio son los muebles y elementos de decoración de madera y caucho, los agentes sellantes, colas, barnices, y materiales textiles. Entre los disolventes detectados con una mayor frecuencia se hallan: tolueno, xilenos, etilbenceno, trimetilbencenos, propilbencenos, n-nonano, n-decano, n-undecano e hidrocarburos clorados, entre ellos freones y 1,2-dicloroetano.

C) Procedentes de productos de consumo:

Los productos de consumo llegan continuamente a través del propio usuario. Incluyen productos utilizados ya en la construcción, tales como pinturas, de base acuosa (pueden contener mercurio como fungicida) y de aceite (hidrocarburos), barnices, plásticos, colas, disolventes, productos para sellado (muchos contienen anhídrido acético) y recubrimiento, fibras textiles, papel de pared y colas para empapelar, así como otros nuevos como plaguicidas y repelentes (incluido el vehiculizante), productos de limpieza en general (incluyendo quitamanchas, limpia hornos y jabones para muebles y alfombras) y siliconas abrillantadoras, cosméticos, desodorantes, lacas para el pelo, etc. Aparte de los compuestos orgánicos ya citados en materiales de construcción, entre los productos de consumo destacan los que pueden agruparse como plaguicidas.

Plaguicidas:

En este grupo se incluye una gran variedad de dicumarinas, organofosforados, carbamatos o hidrocarburos clorados que se usan contra insectos, roedores y el crecimiento microbiológico. Mientras algunos son volátiles y tienen un tiempo de residencia limitado, otros pueden acumularse en el polvo y redistribuirse. Se desconocen los efectos para la salud asociados a exposiciones prolongadas a bajas concentraciones de muchos pesticidas y sus subproductos.

8.1.a.b. La contaminación biológica

Este tipo de contaminación puede, en determinados casos, provocar una situación sanitaria delicada. En cuanto al tipo de microorganismos, que pueden contribuir al SEE se cuentan las bacterias, hongos, virus y protozoos.

Las fuentes más comunes de contaminación son las constituidas por las fuentes de crecimiento biológico, las colchonetas o planchas de materiales aislantes húmedos, las alfombras o moquetas, las placas de cielo falso, los papeles o cubre-muros, el mobiliario, las aguas estancadas en los acondicionadores de aire, las torres de enfriamiento, humidificadores, deshumectadores, bandejas receptoras de condensado y otros.

Las personas, los animales domésticos o mascotas, las plantas y los insectos pueden servir como portadores de agentes biológicos hacia el interior de los edificios, o bien como fuentes potenciales de los mismos.

Vemos, pues, que el aire es un reservorio importante de microorganismos, un vector que los transporta, procedentes del exterior o de la actividad desarrollada en el local, por lo que la **instauración de un control microbiológico del aire constituye una herramienta de supervisión imprescindible para la prevención de riesgos de bio-contaminación.**

El control microbiológico llevado a cabo por Cosemar Ozono tiene por finalidad asegurar la calidad ambiental del lugar estudiado en las condiciones y fechas de realización del estudio.

Para ello se emiten, tras la finalización del mismo, los informes pertinentes declarando el estado del aire interior desde el punto de vista microbiológico, así como una recomendación de acciones correctoras en caso de hallarse la tasa microbiana por encima de las Recomendaciones de la Organización Mundial de la Salud para ambientes interiores, considerándose el nivel de aceptabilidad por debajo de 500 ufc/m^3.

Durante los últimos quince años se han realizado numerosas publicaciones que asocian varios síntomas alérgicos, respiratorios y neurológicos al ambiente cerrado de edificios, tanto en Madrid como en España y Europa.[8]

Se ha sugerido una correlación entre el SEE y los procesos de enfriamiento y humidificación en aire con la contaminación microbiana, así como con el desarrollo de hongos poco frecuentes, lo que hace que se asocie, aunque no de forma concluyente, este síndrome con los bio-aerosoles.

Para explicar la producción de aerosoles biológicos debe hacerse referencia a los conceptos de **reservorio, multiplicador y diseminador**. Un reservorio es un medio que reúne una serie de condiciones que permiten a los microorganismos sobrevivir en un determinado entorno, mientras que el multiplicador favorece que se reproduzcan y el diseminador actúa como introductor de los microorganismos y de sus metabolitos en el aire.

Los bio-aerosoles son partículas transportadas por el aire, constituidas por seres vivos o moléculas de gran tamaño que han sido liberadas por un ser vivo. El diámetro de las partículas constitutivas de los aerosoles oscila desde el submicroscópico (<0,1 μm), hasta el superior a los 100 μm.

La mayoría de los bio-aerosoles son complejos en cuanto a la naturaleza de sus componentes, de modo que pueden estar constituidos por bacterias, hongos, protozoos, virus, etc., y/o diversas estructuras y compuestos consecuencia de su desarrollo o actividad.

En los últimos años los problemas de contaminación biológica en ambientes interiores han recibido una importante atención, admitiéndose en general, como hemos indicado anteriormente, que los microorganismos presentes en el aire interior pueden causar problemas de naturaleza infecciosa y alérgica. Básicamente los efectos que pueden causar los distintos contaminantes biológicos presentes en el ambiente interior de un edificio sobre la población expuesta son:

---

[8] Así, por citar algunos, podemos traer a colación los trabajos de Skop, P.; Valdjorn, O. et al., "The «sick» Building Syndrome in the office Environment: The Danish Town Hall Study", *Environmental International*; 13, 1987: 339-349; Malkin, R.; Wilcox, T.; Sieber, W., "The National Institute for Occupational Safety and Health Indoor Environmental Evaluation Experience. Part two: Symptom Prevalence", *Appl Occup Environ. Hyg.*, 11(6), 1996: 540-545; Linz, D.; Pinney, S.; Keller, J. et al., "Cluster Analysis Applies to Building Related Illness", *JOEM,* 40 (2), 1998: 165-171; Ooi, P.; Goh, K.; Phoon, M. et al., "Epidemiology of sick Building Syndrome and its associated risk factors in Singapore", *Occup Environm. Med.*, 55 (2), 1998: 188-193.

- **Virus:** infecciones, aunque necesitan ser huéspedes de un ser vivo (célula) para desarrollarlas.
- **Bacterias:** infecciones.
- **Polen:** alergias.
- **Hongos y sus esporas:** alergias, aunque algunos hongos son capaces de producir unas sustancias tóxicas denominadas micotoxinas. Un ejemplo de estas últimas son las aflatoxinas.
- **Protozoos:** ocasionan lo que se ha dado en llamar "Fiebre del Humidificador"

Las **bacterias**, ocupan los más diversos hábitats, habiéndose aislado en los sistemas de aire acondicionado así como en ambientes interiores, entre otras muchas, especies que pueden ser origen de enfermedades de distinta consideración para el Hombre, como es el caso de *Pseudomonas, Flavobacterium, Streptococcus, Staphilococcus, Legionella*, etc.; tal vez sea ésta última la que en más ocasiones ha llegado a producir trastornos fatales.

Las especies de **hongos** aislados en los edificios y catalogados como más peligrosos pertenecen al género *Aspergillus* (*A. niger, A. fumigatus*) que generalmente produce infecciones pulmonares; habiendo sido localizados, al igual que las bacterias, tanto en aire interior como en los conductos de aire acondicionado.

Los protozoos, constituyen otro tipo de contaminación biológica capaz de desarrollar colonias en el agua de humidificadores, dispersándose en forma de aerosoles. Asimismo, pueden ser parasitados por bacterias presentes en sus inmediaciones, haciéndolas de esta manera inaccesibles a los biocidas sin acción frente a los protozoos.

Con todo lo expuesto anteriormente, se puede concluir que los dos problemas de mayor envergadura en el caso del SEE son los constituidos por los microorganismos y los compuestos químicos que pueden contaminar el aire interior de los edificios en el caso de un mal diseño o un mantenimiento incorrecto de las instalaciones.

Llevamos más de 25 años demostrando en CosemarOzono como el ozono gracias a su su naturaleza y gran poder de desinfección, siempre y cuando esté controlado por un equipo de profesionales representa una solución segura y eficaz para los problemas de higiene ambiental y alimentaria.

8.2. INDUSTRIA ALIMENTARIA.

La alimentación constituye para todo ser vivo una exigencia básica en la realización de las funciones normales que definen su existencia. Desde una minúscula bacteria hasta el ser humano, todos estamos atados a la necesidad de proporcionar energía a los mecanismos que nos hacen funcionar.

Sin embargo, los alimentos que tan necesarios resultan, pueden ser un foco de enfermedades e, incluso, de muerte, ya que los tejidos superficiales de las carnes, pescados, frutas y verduras de consumo humano, además de los utensilios y equipos empleados en su manipulación, son un medio excepcional para la proliferación de microorganismos patógenos. Así, en los países desarrollados cada vez se da más importancia a aquellos agentes de enfermedades que surgen en los alimentos como consecuencia de su manipulación.

El alargamiento en la cadena desde el momento en que se produce el sacrificio, pesca o recolecta, hasta que el alimento es consumido, implica un aumento en el riesgo de contaminación del mismo, por lo que es imprescindible un estricto control de las condiciones sanitarias de los productos en cada etapa. Este control permite, a la vez, la obtención de alimentos más seguros y el ahorro de las grandes pérdidas económicas consecuencia del deterioro de los alimentos.

Para que un alimento sea considerado seguro, se tendrán en cuenta las condiciones generales de uso del alimento por los consumidores y cada fase por la que haya pasado: producción, transformación y distribución, considerando en cada una de ellas:

- Higienización.
- Buenas prácticas de elaboración.
- Mantenimiento preventivo.
- Identificación de productos.
- Programas de educación de los empleados.

Este conjunto de medidas preventivas es el llamado **Análisis de Peligros y Puntos Críticos de Control** (APPCC), que además proporciona documentación de los procesos en relación a la seguridad, ayuda a demostrar el cumplimiento de las normas y legislación y, lo más importante, aporta medios para prevenir errores de control en la seguridad e inocuidad de los productos acabados.

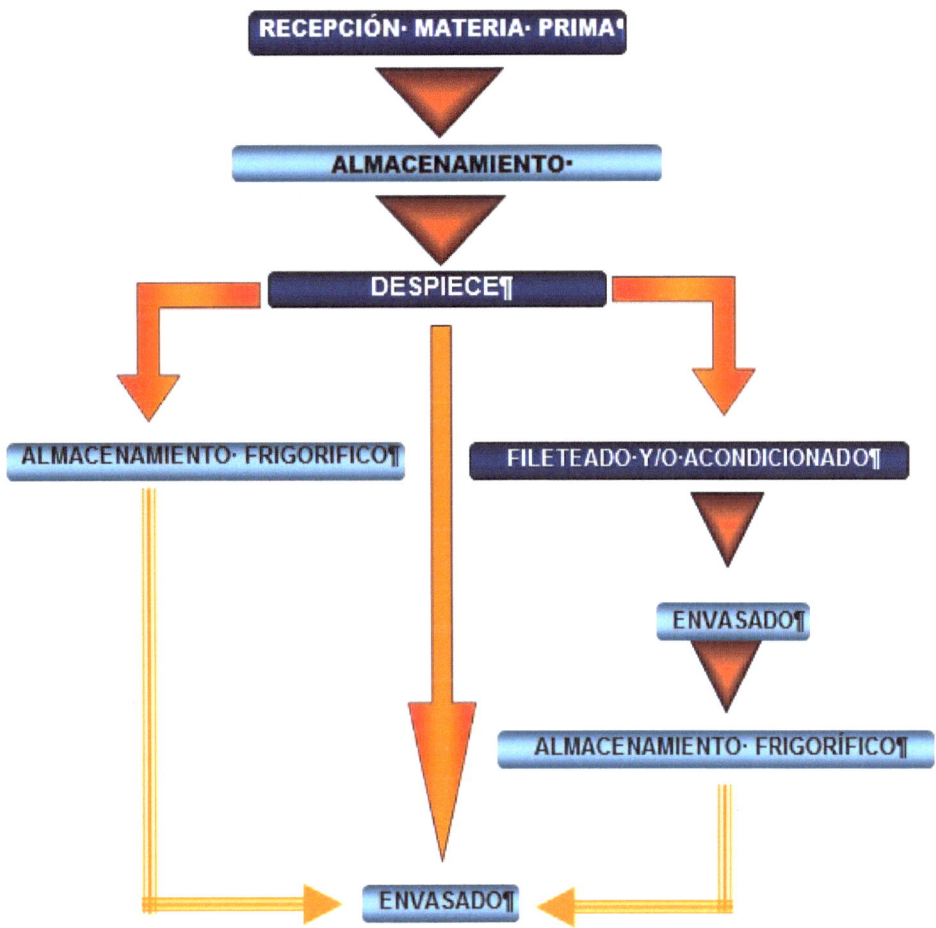

Dentro de estas prácticas, una de las más importantes es la **higienización**, para la que proponemos el sistema más eficaz, seguro y respetuoso con el medio: la ozonización. El **ozono**, merced a su alto poder oxidante, elimina los microorganismos, tanto patógenos como oportunistas, presentes en los alimentos sin dejar agentes químicos residuales.

8.2.a. Reacciones de oxidación-reducción

Al hablar de la medida indirecta del ozono en agua hemos explicado en detalle la importancia del potencial redox del agua, ya que la base de la acción bactericida de cualquier agente suele ser la oxidación de componentes fundamentales para la supervivencia de los microorganismos.

Recordemos que las reacciones de oxidación-reducción son aquellas en las cuales se produce una transferencia de electrones (cargas negativas de los átomos). En toda reacción de este tipo existe un agente oxidante que se reduce (gana electrones) y un agente reductor que se oxida (pierde electrones). Por ejemplo, el nitrógeno se oxida en una molécula de nitrato y se reduce en una molécula de amonio.

El potencial redox expresa, pues, la tendencia de un medio respecto a reacciones químicas de oxidación o de reducción, al medir la cantidad de cargas positivas y negativas, o lo que es lo mismo, las moléculas oxidadas y reducidas presentes en una disolución determinada. Una cantidad igual de moléculas oxidadas y reducidas presentes en una solución, dan un valor del potencial redox expresado en milivoltios (mV) de O_2. Es decir, si impera un medio reductor, el potencial redox es negativo, y si lo hace un medio oxidante, el potencial redox es positivo.

Hay tres elementos, **ozono,** cloro y oxígeno, cuyos átomos necesitan fuertemente captar electrones, constituyéndose así como poderosos oxidantes.

En un principio se había convenido llamar reacciones de oxidación a aquellas en que el oxígeno se combina o reacciona con otras sustancias, y reacciones de reducción a aquellas otras en que se produce una pérdida de oxígeno por parte de un compuesto que, en general, reacciona con hidrógeno. No obstante, es evidente que existen reacciones de oxidación en las que no interviene el oxígeno, por lo que se recurrió a una definición general basada en los electrones que intervienen en el proceso.

Cabe decir, pues, que los cambios en la distribución de los electrones son la causa de estos fenómenos, independientemente del oxígeno. Así, por ejemplo, en un medio puede haber oxígeno a saturación y, sin embargo, por acumulación de moléculas reductoras, verse el potencial redox disminuido peligrosamente.

Los compuestos reductores suelen ser sustancias orgánicas primarias, compuestos de proteínas que forman parte de la cubierta de los microorganismos, sustancias de desecho y restos; es lo que se conoce como "materia orgánica" y son compuestos que consumen oxígeno, indicando contaminación, tanto en alimentos como en agua.

Así pues, un potencial redox bajo (negativo), indica la presencia de contaminación, mientras que un alto potencial redox en un medio indica que éste posee una acción destructora veloz y automática de las moléculas tóxicas (reductoras) presentes en los alimentos.

Los compuestos oxidantes, como el **ozono**, disminuyen drásticamente los niveles de elementos reductores en los alimentos al aumentar el potencial redox del medio en el que se encuentran.

POTENCIAL REDOX FRENTE A CONCENTRACIÓN DE OZONO

CONDICIONES:
Agua clorada de la red
Presión: 4 Kg/cm²
Temperatura: 10ºC

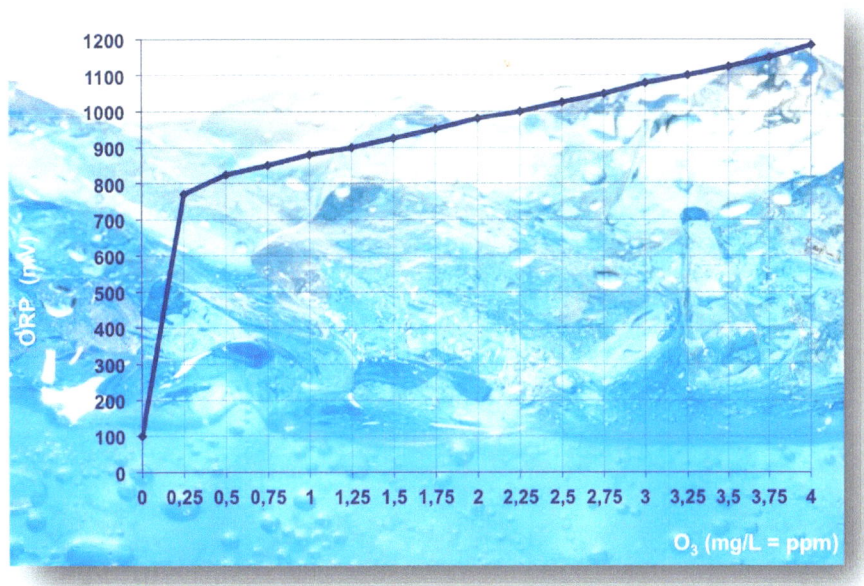

Estos valores se refieren a agua libre de carga orgánica, por lo que pueden sufrir cambios dependiendo de la pureza y los residuos que presente el agua a tratar.

Algunos datos sobre la calidad del agua según su redox:

200 a 400 mV	Vida piscícola
400 a 600 mV	Agua de consumo
600 a 750 mV	Agua potabilizada
> 750 mV	Agua estéril

8.2.b. Higienización de los alimentos

Es el sistema de ducha el que garantiza la calidad higiénica de los alimentos, realizándose esta etapa tras el eviscerado de carnes y pescado y en el lavado de frutas y verduras.

A fin de asegurar una correcta higienización, resulta imprescindible controlar en la ducha tres variables: **la presión** de agua en los microdifusores, **el tiempo** de contacto del agua con el alimento, y la concentración de agente bactericida o **potencial redox** del agua, garantía de la calidad total. Es de vital importancia que las boquillas o microdifusores estén orientadas en diferentes direcciones (laterales, hacia arriba), de manera que resulten lavadas todas las superficies del alimento, tanto externas como internas.

Se aconseja un breve lavado a presión y manual. Las reacciones de oxidación-reducción cobran una importancia crucial para que se pueda garantizar una producción uniforme.

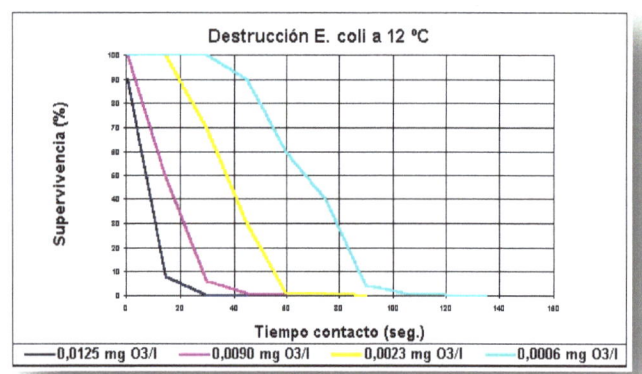

Fig. 1.- Estudio de la destrucción de *Escherichia coli* en función del tiempo con diferentes concentraciones de ozono.

Como ya ha sido expuesto, un alto potencial redox en agua, garantiza su pureza, al constituir éste un valor que determina el nivel de eficacia de ese agua en la eliminación de los microorganismos presentes en los alimentos lavados con ella. También se debe al alto nivel de potencial redox la escasa presencia de materia orgánica que, de esta manera, no puede servir de sustrato a los microbios.

Por lo tanto, un aspecto importante del potencial redox es su interrelación con el concepto de esterilización, habiéndose establecido el efecto esterilizante a 750 mV. Así, el potencial redox es un indicador del grado de contaminación de un agua y del poder germicida de la misma. Un potencial redox de 200 mV, indica que toda la gama de gérmenes posibles está presente en dicho agua. Sin embargo, simplemente pasando de 200 a 300 mV, los gérmenes se reducen del 90% al 10%. Si se aumenta el potencial a 400 mV, únicamente el 1% de los gérmenes originales estará presente.

Las redes urbanas de agua potable trabajan, por ley, con valores superiores a 700 mV. El ozono, como agente oxidante, constituye uno de los más eficaces desinfectantes, al ser su potencial de oxidación de 2.070 mV frente a los 1.360 mV del cloro.

8.2.c. Conservación de alimentos

Poco se lograría en materia de desinfección de alimentos si, una vez higienizados mediante un correcto lavado, se volvieran a contaminar durante su almacenaje o transporte. Resulta imprescindible, pues, en estas fases posteriores, un control estricto de las condiciones sanitarias, tanto de los alimentos como de los recipientes y lugares de almacenaje.

✓ **QUÉ APORTA EL OZONO EN EL ALMACENAJE DE ALIMENTOS**

Tanto en almacenes como en cámaras frigoríficas, también en este aspecto demuestra ser útil el ozono, ya que al poder ser aplicado en aire, proporciona una atmósfera en la que los compuestos reductores son eliminados. Por otra parte, la descomposición rápida del ozono, debido a la elevada humedad relativa, permite que en cámaras de almacenamiento donde sean necesarias altas concentraciones de este elemento, el personal pueda trabajar sin peligro alguno inmediatamente después de haber cesado la producción de O_3.

Esta aplicación del ozono, además de ayudar a garantizar la seguridad de los productos, constituye una importante ventaja económica al conseguir prolongar la vida media de estos: el ozono actúa en su superficie eliminando o impidiendo la multiplicación de los microorganismos responsables de la putrefacción que, habitualmente, descomponen los alimentos y cuya presencia se hace patente por el aspecto brillante que trasmiten a la superficie del producto (carnes y pescados); en otros casos (frutas, derivados de bollería) aparecen mohos que acaban fermentando el producto y cuyo crecimiento se ve, asimismo, inhibido por la presencia de ozono. Así por ejemplo, el ozono controla el crecimiento del Mildew azul, presente normalmente en los almacenamientos en frío al crecer a 0ºC, y que comunica un sabor y olor característico a la fruta. Otra ventaja añadida en estos casos la constituye el hecho de que la humedad relativa óptima para la aplicación del ozono está entre el 90 y 95%, por lo que se pueden controlar efectivamente los microorganismos de superficie, evitando su crecimiento, sin que el fruto pierda peso.

A la hora de considerar el tiempo de almacenaje de frutas y verduras, no se puede pasar por alto el papel del **etileno**. Este compuesto químico aparece en los vegetales como consecuencia del proceso normal de maduración, que su presencia acelera en las frutas clasificadas como climatéricas.

En la actualidad, los frutos se clasifican en climatéricos o no climatéricos según la maduración sea o no regulada principalmente por el etileno, un gas que actúa como fitohormona. Todos los frutos, al igual que cualquier órgano vegetal, producen etileno. Pero durante la maduración, algunos frutos denominados climatéricos incrementan grandemente la producción de etileno mientras que otros, denominados no climatéricos, mantienen la tasa de producción de etileno casi invariable. En los primeros, el etileno es responsable de la coordinación del proceso de maduración, en los segundos no.

CLIMATÉRICOS	NO CLIMATÉRICOS
Manzana	
Albaricoque	Cereza
Aguacate	Calabaza
Plátano	Uva
Chirimoya	Pomelo
Higo	Piña
Melón	Limón
Melocotón	Naranja
Pera	Mandarina
Tomate	Fresa
Sandía	

El ozono reacciona rápidamente con el etileno, formando inicialmente un producto intermedio, el óxido de etileno, que pasa posteriormente a dióxido de carbono y agua, conteniendo de esta manera el proceso.

Por otra parte, el óxido de etileno así formado es un efectivo inhibidor de mohos, levaduras y bacterias, principalmente en los frutos secos, especias y piensos.

Sin embargo, la hidrólisis del óxido de etileno en las superficies húmedas de los alimentos en presencia de cloro puede producir clorhidrinas, que se hidrolizan en dietilenglicol, productos tóxicos bajo ciertas circunstancias. Al sustituir la desinfección con cloro por la ozonización, estos compuestos químicos no se encuentran nunca en los alimentos conservados con ozono.

En la tabla 1 se reflejan los datos obtenidos en diversos estudios sobre el aumento del tiempo de vida de distintos alimentos almacenados con tratamiento de ozono respecto al almacenaje habitual.

ALIMENTOS	AUMENTO DEL TIEMPO DE VIDA	CONDICIONES DE ALMACENAMIENTO
Pescado fresco	50 a 80 % (3/5 días)	Hielo esterilizado con O_3
Salmón	50 % (2/3 días)	Hielo esterilizado con O_3
Atún y caballa	1 a 2 días	Bañado en 30% ClNa conteniendo 0,6 mg O_3/L durante 30 a 60 min.
Carne fresca	Indeterminado	0,6 mg O_3/m^3 a 0,3 ºC.
Carne congelada	30 a 40 %	0,4 ºC; 85/90 % HR; 10-20/ mg O_3/m^3. Con recuento microbiano inferior a 103/ cm^2.
Aves de corral	2,4 días	Inmerso durante 20 min. en agua fría con 3,88 mg O_3/L.
Bananas	Sustancial	Unas pocas ppm O_3 a 12 ºC si el fruto no está cercano a su periodo de maduración rápida.
Fresas, grosellas, frambuesas y uvas.	100 %	2 a 3 ppm/O_3 continuamente o algunas horas al día.
Manzanas	Diversos, según tipo	4 mg O_3/m^3
Naranjas	Indeterminado	80 mg O_3/m^3
Patatas	6 meses	3 mg O_3/L; 6 a 14 ºC; 93-97% HR.
Huevos	8 meses	1,2 mg O_3/m^3; 31 ºC; 90% HR.
Quesos	63 días	0,4 a 0,6 mg O_3/ m^3

Tabla 1.- Aumento del tiempo de almacenaje de alimentos aplicando ozono

8.2.d. La ozonización en el transporte

El transporte moderno en contenedores y las nuevas tecnologías en la generación de ozono permiten un gran avance en el uso de este gas para la conservación de alimentos perecederos en esta fase. La posibilidad de dotar a los medios de transporte de generadores de ozono miniaturizados en baterías, significa que pueden ser utilizados en camiones frigoríficos, contenedores, vagones de ferrocarril, barcos, etc., lugares donde actuará como bactericida y funguicida, según se ha descrito previamente, aportando las ventajas ya especificadas.

Mención especial merece la aplicación del ozono en las bodegas de congelación o conservación de pescado en los barcos pesqueros. Con una adecuada ozonización se elimina la totalidad de los mohos existentes en los depósitos, consiguiendo, además, una esterilización del agua. Esto permite utilizarla tanto para beber (no hay que olvidar que uno de los problemas más importante en la náutica es el consumo de agua potable) como para otros menesteres, como por ejemplo, lavar el pescado con agua ozonizada (esterilizada) antes de introducirlo en la cámara.

Vemos, pues, que con una aplicación adecuada del ozono se consigue una esterilización del aire en el interior de las cámaras –tanto de transporte como de almacenaje- suficiente para que los alimentos se mantengan bacteriológicamente limpios, al impedirse el que los agentes contaminantes que pudiera contener el aire afecten a los productos almacenados, además de lograrse un aumento en la vida media de los mismos.

8.2.e. El ozono en el control de olores

Además de los problemas más importantes, en el aspecto sanitario, de contaminación y conservación apropiada de los alimentos, otro de los grandes inconvenientes que se plantea en el mercado de la alimentación es el de los olores.

En grandes almacenes, esta cuestión genera una dificultad añadida: la falta o desaprovechamiento de espacio debido a la mezcla de olores. Pues bien, el ozono actúa sobre los agentes productores de olores, moléculas químicas con dobles enlaces, rompiendo su estructura por oxidación, con lo que se evita la indeseable mezcla de olores y sabores de productos diferentes.

Además, la ozonización continua de los cuartos frigoríficos puede ser efectuada en combinación con el sistema de enfriamiento central del aire, mediante la aplicación conjunta de unidades de enfriamiento separadas para cada área de almacenamiento, y generadores de ozono independientes del sistema.

Existe una amplia bibliografía científica sobre la aplicación de ozono en alimentos, referida tanto a tratamientos en agua como en aire, según se refleja en la tabla 2, en la que se recoge una muestra de publicaciones científicas sobre el particular a lo largo de las últimas décadas:

Salmonella en carcasas de pollo	- *Caracciolo, 1990*
Agua de enfriamientos de pollo	- *Ark. Ag. Exptl. Sta., 1997*: >90% de reducción de *E.coli* y Coliformes.
Incubadora de pollo: desinfección en aire	- *Whistler y Sheldon, 1989:* > de 4-7 logs de reducción de bacterias y hongos.
Manzanas en almacenamiento	- *Smock y Watson, 1942*: reduce y elimina mohos.
Almacenamiento de moras	- *Barth et al., 1995*: elimina el crecimiento fúngico durante 12 días.
Almacenamiento de uvas	- *Sarig et al., 1996*: reduce mohos.
Fresas	- *Lyons-Magnus, 1999*: reducción de *E. Coli*.
Lechuga	- *Kim et al., 1999*: reducción de 3 a 4 log del recuento.
Fideos crudos japoneses	- *Maito et al., 1989*: aumenta de 2 a 5 veces el tiempo de almacenamiento.
Aire de confitería	- *Nitoh, 1989*: bajan los recuentos de bacterias y hongos ambientales en un 50%.
Higienización de equipos para el procesamiento de vino	- *Hampson, 2000:* reduce el recuento en placa entre un 63,2% y 99,9%.
Lavado de brócoli, zanahorias y coliflor	- *Hampson et al., 1994*: reducción de 3 log,2 log y 1-2 log.
Lavado de repollo	- *Kondo et al., 1989:* >90% de reducción en el recuento total de bacterias.

Tabla 2.- Bibliografía sobre la aplicación de ozono en alimentos (tratamientos en agua y aire).

8.2.f. Requisitos del biocida ideal en alimentos

Lo expuesto hasta el momento nos lleva a aseverar que el ozono es el biocida ideal para ser utilizado dentro de un programa APPCC (Análisis de Peligros y Puntos Críticos de Control), en la descontaminación de alimentos, utensilios y maquinarias. Con ello se lograría evitar el deterioro y contaminación del alimento por parte de microorganismos, así como proteger contra cualquier foco de infección todos los productos que se manipulen, almacenen, envasen y transporten, lo que redundaría en una mayor seguridad de los mismos. De esta manera se llegaría asimismo a la reducción de los costes ocasionados por el control de enfermedades provocadas por alimentos contaminados.

A la hora de asesorar sobre un tratamiento de descontaminación de alimentos, se deben considerar los siguientes aspectos sobre el biocida a utilizar:

- Amplia eficacia

- Cambios en la microflora

- Potencial para la introducción de otros elementos peligrosos

- Potencial de peligrosidad para los trabajadores

- Impacto sobre el medio ambiente

- Efectos sobre las propiedades y calidad de los productos

- Percepción por parte del consumidor del biocida

Muchas de estas recomendaciones son incumplidas al utilizar un producto tan generalizado en la desinfección como el cloro. De entre las anteriores consideraciones que resultan infringidas por el cloro la más importante, por las graves consecuencias que pueden derivarse de ello, es la referente al potencial de generar elementos peligrosos, ya que el cloro da lugar a trihalometanos (THM), de probado carácter cancerígeno.

En cuanto al manejo por parte de los trabajadores, este compuesto químico presenta altos riesgos, no sólo en su aplicación sino también en su transporte y almacenamiento.

Por otra parte, el cloro tiene asimismo un gran impacto en el medio, en primer lugar debido a que necesita de envases para su transporte y almacenamiento que, posteriormente, deben ser desechados de manera especial y, en segundo lugar, porque el sobrante, tras su aplicación, debe ser diluido a fin de ser eliminado por el desagüe en función de los límites establecidos. Aun así, la dilución del cloro tampoco pasa por ser una solución adecuada para minimizar el impacto ambiental de éste, ya que por una parte se produce un gasto excesivo de agua para conseguir la dilución adecuada y por otra, el cloro no deja de permanecer en ella.

Estos hechos han suscitado la búsqueda, por parte de los productores, de nuevas alternativas efectivas para la higienización del alimento y que eviten los inconvenientes del cloro.

El ozono se erige así en una alternativa eficaz, ya que se descompone sin dejar rastro de elementos que puedan ser perjudiciales para la salud o el medio, además de no ceder ningún sabor al alimento.

En el Codex Alimentario, el ozono viene definido por tener un uso funcional en alimentos como agente antimicrobiano y desinfectante, tanto del agua destinada a consumo directo, del hielo, o de sustancias de consumo indirecto, como es el caso del agua utilizada en el tratamiento o presentación del pescado, productos agrícolas y otros alimentos perecederos.

Por otra parte, dado que no existe una legislación específica que regule los desinfectantes en alimentos como tales, en principio la utilización del ozono en agua no presenta problemas sanitarios, ya que su rápida descomposición no deja en los alimentos residuos de ningún tipo.

En el caso de lavado de frutas y vegetales, existe, por ejemplo, un estudio del **Informe del Comité Científico de la Agencia Española de Seguridad Alimentaria y Nutrición (AESAN)** sobre riesgos microbiológicos asociados al consumo de frutos obtenidos de *Fragaria spp.* y *Rubus spp.*, que sirve a modo de demostración de la idoneidad del agua ozonizada en la desinfección de fruta, y que en su página número 8 dice textualmente: *"Agentes que han demostrado tener efectividad contra los virus entéricos y los oocistos/ooquistes de algunos protozoos como Cryptosporium parvum o Giardia son el ozono y el dióxido de cloro, gracias a su potente acción oxidante (Peeters et al., 1989). Por este motivo, algunos autores han propuesto el uso de agua ozonizada a concentraciones de 2-3 ppm para la desinfección de fresas y frambuesas (Beuchat, 1998)"*.

8.3. TRATAMIENTO DE AGUA.

De acuerdo con la normativa comunitaria vigente, como ya se ha comentado, es necesario controlar la concentración de trihalometanos (THM) en el agua potable. Los THM son sustancias que se forman al reaccionar la materia orgánica con el cloro utilizado en la potabilización y que poseen potenciales niveles de toxicidad. No obstante, hoy por hoy, el hipoclorito sigue siendo el desinfectante más utilizado, aunque existen otras alternativas tales como el ozono, o medidas adicionales, como la utilización de filtros, que exigirán importantes modificaciones en las plantas potabilizadoras con el fin de aumentar el grado de tratamiento a fin de ajustarse a las exigencias de la normativa europea.

Además de las infecciones debidas a contaminantes orgánicos o bióticos, existen numerosos compuestos inorgánicos (físicos, químicos o radiactivos), transportados por las aguas de los abastecimientos, que provocan diversas enfermedades, constituyendo un problema de Salud Pública.

Así pues, el agua que utilizamos para el consumo humano ha de pasar previamente por un proceso de potabilización que elimine los agentes perjudiciales para la salud.

Las técnicas de ozonización, por su gran eficacia desinfectante y escasa residualidad, son utilizadas en el tratamiento de aguas potables desde hace décadas, tanto en Europa como en América.

De hecho, las ETAP de los embalses de Valmayor y Santillana, del Canal de Isabel II de Madrid, entre otras, utilizan la ozonización en una de sus etapas de potabilización desde hace varias décadas.

8.3.a. ¿Por qué se habla de ozonización verdadera?

El ozono puede actuar de tres formas diferentes:

▪ Como oxidante fijando uno de sus átomos de oxígeno. Esta acción, aunque enérgica, no es específica del ozono: un efecto análogo puede ser obtenido con otros oxidantes.

▪ Como oxidante fijando sus tres átomos de oxígeno en un enlace doble o triple; se forman ozónidos caracterizados por la existencia de un "puente de oxígeno". Estos compuestos inestables pueden ser "desdoblados químicamente" por la acción de un exceso de ozono y mediante un tiempo de contacto suficiente.

▪ Como catalizador del oxígeno, acelerando la velocidad de las reacciones de oxidación a baja temperatura. En este punto también, sin embargo es preciso cierto tiempo de contacto.

Si se realiza una ozonización con un reducido coeficiente de tratamiento, el segundo y tercer modo de acción, que son específicos del ozono (y en consecuencia, los más interesantes para el tratante de agua) se realizan de forma incompleta. El "límite" de los ozónidos puede no ser franqueado. Además, las reacciones de catálisis no tienen tiempo de desarrollarse a causa de la autodestrucción del ozono en el agua.

No obstante, la ozonización con reducido coeficiente puede permitir la obtención de una esterilización satisfactoria, una oxidación de las sales ferrosas o los sulfuros, una desaparición del color e incluso una mejora del sabor cuando las aguas brutas se encuentran relativamente poco contaminadas. Este es el modo en que, hace más de sesenta años, la ciudad de Niza es abastecida mediante agua del Canal de la Vésubie, ozonizada con un resultado notable, tanto desde el punto de vista bacteriológico como organoléptico. La auténtica ozonización, por el contrario, presupone la utilización de elevados coeficientes de tratamiento (hasta de 4 g/m^3 de agua), elevadas concentraciones de ozono en el gas soporte (hasta 20 g/m^3) y tiempos de contacto suficientes (6 minutos como mínimo).

Estos tres criterios están, por otra parte, indisolublemente relacionados, ya que únicamente la utilización de elevadas concentraciones permite realizar una auténtica ozonización en tiempos económicamente aceptables (la eficacia de la ozonización se mide fundamentalmente por el producto del tiempo de contacto y la concentración residual de ozono en el agua) y, por otra parte, el requerimiento del tiempo de contacto origina un consumo suplementario de ozono por autodestrucción.

La auténtica ozonización permite sacar el mayor provecho posible de la gama completa de acciones del ozono (concretamente, mediante reacciones de desdoblamiento químico de los ozónidos y de oxidación catalítica), a saber:

▪ Eliminación completa de los sabores y olores.

▪ Decoloración del agua.

▪ Oxidación de las sales ferrosas, manganesas y sulfuros.

▪ Eliminación completa de los fenoles.

▪ Considerable disminución de las sustancias que pueden ser extraídas mediante el cloroformo.

▪ Eliminación de ciertos plaguicidas organoclorados (aldrina, etc.)

- Considerable disminución de los detergentes.
- Esterilización completa.
- Inactivación de los virus.

Dado que el obstáculo económico que se opone al desarrollo de las técnicas de auténtica ozonización se encuentra en vías de desaparición, frecuentemente se formulan dos reproches contra la ozonización del agua:

1. En primer lugar, ciertos especialistas se inquietan a causa de los cuerpos originados por el desdoblamiento químico por ozonolisis de compuestos orgánicos. ¿No son más nocivos que los cuerpos iniciales? Numerosas medidas permiten responder negativamente a estas preguntas: el ozono no realiza únicamente una transformación de materias orgánicas de cierto tipo en materia orgánica más simple, sino que mineraliza una parte importante de estas últimas, según testimonian las medidas de sustancias que pueden ser extraídas mediante cloroformo. Además, las pruebas de toxicidad respecto a cultivos celulares efectuadas por el laboratorio de higiene de la ciudad de París, bajo la dirección del Doctor Coin, han confirmado que la ozonización poseía también, desde este punto de vista, un efecto benéfico.

2. La segunda crítica se refiere fundamentalmente al comportamiento del agua ozonizada en la red de distribución. A causa de la ausencia de remanencia del ozono, ciertos especialistas de la higiene se preguntan si no es indispensable añadir una dosis de cloro "de seguridad" con objeto de "vacunar" el agua contra las contaminaciones accidentales. La cloración permite, en efecto, mantener cierto "residual" de producto esterilizante en la red, debido a la estabilidad relativamente correcta del cloro en el agua.

Desde un punto de vista teórico, parece difícil comprender como un ligero residual de cloro (que existe generalmente en forma combinada y, en consecuencia con una eficacia menor) podría ser capaz de compensar los efectos de una contaminación accidental.

En el informe general que fue establecido por el 61 Congreso del AIDE en Estocolmo, en 1964, el Sr. Hallopeau hizo destacar, por otra parte, que la presencia de un residual clorado no era una garantía suficiente respecto a la presencia de *E. Coli* en aguas que contenían cloro residual.

Según hizo destacar el Sr. Scheller en el mismo Congreso, a este respecto lo fundamental consiste en desembarazar la red de todas las materias que pueden suministrar un alimento a los organismos susceptibles de desarrollarse en la red, incluso si no son patógenos.

No cabe ninguna duda de que el ozono manifiesta en este contexto una superioridad muy clara respecto a todos los reactivos clorados.

8.4. LAVANDERÍAS INDUSTRIALES

Aparte de su probada acción desinfectante, el ozono, por su gran poder oxidante, elimina eficazmente la materia orgánica (grasa, sudor, sangre...) de los textiles, dilatando sus fibras, lo que a su vez favorece la penetración de los detergentes por su efecto humectante.

El ozono, además, se transforma rápidamente en oxígeno, lo que aumenta la concentración de este en el agua. El incremento de oxígeno, por su parte, aumenta el potencial de limpieza de los detergentes utilizados.

Así pues, además del control microbiológico que el ozono proporciona, elimina olores y suciedad y favorece la acción de los detergentes. Todo ello redunda en una serie de ventajas que pasamos a referir.

- **Reduce el consumo de agua caliente**

  Al aumentar las concentraciones de oxígeno en el agua de lavado y favorecer la acción de los detergentes, no son necesarias altas temperaturas para conseguir una limpieza óptima. De hecho, se puede lavar con agua fría consiguiendo mejores resultados que los obtenidos con agua caliente sin ozono.

- **Reduce el consumo de productos químicos**

  Porque, además de aumentar su capacidad detergente al oxigenar el agua, el ozono abre las fibras de los tejidos, favoreciendo la penetración en las telas de dichos detergentes.

  Asimismo, el poder desinfectante y oxidante del ozono hace innecesaria la utilización de agentes blanqueantes a base de cloro (lejías).

  Tampoco son necesarios los productos utilizados para equilibrar el pH del agua, ya que el ozono lo mantiene en valores próximos al neutro.

- **Reduce el tiempo/número de lavados**

  Al ser los detergentes más eficaces en presencia de ozono, se consigue la misma limpieza en un tiempo más corto. Se puede llegar a reducir el tiempo de lavado convencional en un 33% aproximadamente.

- **Reduce el tiempo/número de aclarados**

  Al haber reducido cantidad de detergente, el tiempo necesario para eliminar sus residuos es menor.

- **Reduce el consumo de agua**

  Al reducir o incluso eliminar fases del proceso de lavado, la cantidad final de agua utilizada es muchísimo menor. De hecho, la disminución del consumo de agua es la característica más notable de la ozonización.

- **Reduce los tiempos de secado**

  Porque el ozono abre las fibras de los tejidos, lo que favorece la extracción de agua en el ciclo de centrifugado.

- **Elimina el problema de vertidos y residuos**

  El ozono hace que, al final del ciclo de lavado, el agua residual quede libre de cualquier tipo de contaminación microbiológica, con un pH cercano al neutro y con cantidades menores de productos químicos.

  Por otra parte, al generarse *in situ*, se hace innecesaria su manipulación, almacenamiento o transporte, lo que redunda en una disminución muy significativa de los riesgos derivados de estas actividades (irritaciones y corrosiones, accidentes graves por vertidos de sustancias peligrosas...)

- **Aumenta la vida útil de los tejidos**

  Al verse reducida la temperatura de lavado, la cantidad de producto químico empleado, los ciclos de lavado y aclarado y los tiempos de secado, todos ellos factores que dañan los tejidos.

- **Aumenta la capacidad de los lavados**

  Al producirse un ahorro de tiempo en todo el proceso de lavado.

- **Mejora la calidad del servicio y con ello la satisfacción del cliente final.**

  La ropa lavada con ozono queda limpia, desinfectada, sin residuos de detergentes o agentes blanqueantes que pueden producir alergias y úlceras de contacto; además, al abrir el ozono las fibras de los tejidos, estos se vuelven más esponjosos y suaves, sin necesidad de utilizar suavizantes, ya que el ozono impide asimismo la formación de electricidad estática.

- **Mejora las condiciones de trabajo**

  Al poderse trabajar sin altas temperaturas y reducirse los tiempos de lavado y secado y el consumo de productos químicos, las condiciones del entorno de trabajo mejoran notablemente.

Un ejemplo práctico

A.- CONDICIONES NORMALES:

En los lavados domésticos la relación de baño (carga/litros) suele ser de 1/5. Por ejemplo, en una maquina con capacidad para 20 Kg se utilizan 100 litros de agua.

Los ciclos de lavado, en caso de tejidos muy sucios, son:

- **Lavado principal: 1**

- **Aclarados: 4**

- **Suavizados: 1**

- **Consumo de jabón: 12 g/L**

B.- CONDICIONES CON OZONO:
B.1.- Reducciones:

Aclarados: 2 ⟹	Reducción de consumo de agua: 33%.
Consumo de químicos ⟹	Eliminación de hipoclorito sódico (lejía)
Consumo de jabón: 4-5g/L ⟹	Reducción del 60 %
Consumo energético ⟹	Los lavados con O₃ son con agua fría
⟹	Reducción de tiempo de funcionamiento de máquinas (al eliminar aclarados)
Tiempo de lavado ⟹	Reducción de un 33%
Costes de mantenimiento ⟹	Al disminuir las horas de funcionamiento de los equipos

B.2.- Aumentos

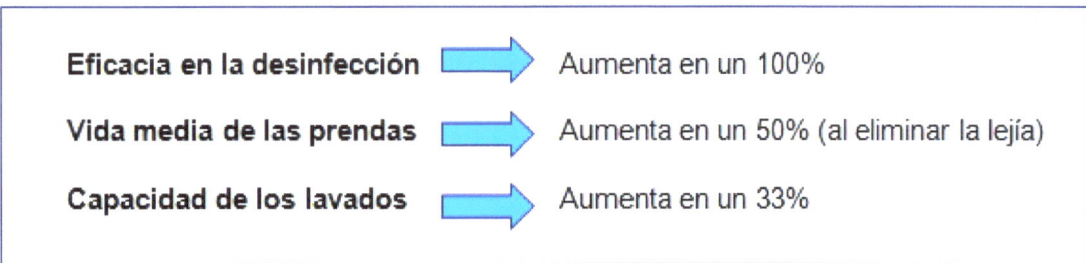

Eficacia en la desinfección ⟹	Aumenta en un 100%
Vida media de las prendas ⟹	Aumenta en un 50% (al eliminar la lejía)
Capacidad de los lavados ⟹	Aumenta en un 33%

EJEMPLO DE LAVANDERÍA INDUSTRIAL.

DATOS DE LA INSTALACIÓN:

Lavandería industrial que consta de:

- Una máquina con capacidad de 22Kg
- Dos máquinas con capacidad de 55Kg
- Tres máquinas con capacidad de 110Kg
- Una máquina con capacidad de 210Kg

Presión de entrada del agua de red: 5Kg

Ciclos de lavado:

- Prelavado de 5 minutos
- Lavado de 14 minutos
- Lavado de 16 minutos
- Blanqueado de 7 minutos
- Tres aclarados de 3 minutos
- Un suavizante de 3 minutos

8.5. BENEFICIOS DEL OZONO EN EL TRATAMIENTO DE AGUAS DE BAÑO: SPAS, PISCINAS Y BALNEARIOS

Resulta evidente el hecho de que el agua de un balneario o piscina, utilizada por un número relativamente grande de personas, es un vehículo ideal para la transmisión de enfermedades: personas aparentemente sanas pueden ser portadoras de agentes capaces de contagiar a otras personas menos resistentes.

Por ello es necesario llevar a cabo una adecuada desinfección del agua del vaso de la piscina con un producto que cumpla dos requisitos fundamentales: el garantizar la desinfección y el no ser agresivo con el usuario del balneario ni el ambiente.

A pesar de que el ozono, como ya hemos visto, ha sido utilizado en el tratamiento de agua potable desde principios de 1900, su aplicación en agua de piscinas no comienza seriamente hasta la década de los 50 en Europa. En la actualidad, sin embargo, son ya millares las piscinas europeas y los balnearios tratadas con ozono, al ser éste capaz de destruir algas y bacterias, inactivar virus y oxidar numerosos contaminantes orgánicos e inorgánicos presentes en el agua utilizada en piscinas.

Debido a su corta vida media en soluciones acuosas, el agua ozonizada utilizada en piscinas puede ser reciclada sin el temor de llegar a generar en la disolución altas concentraciones de agentes químicos. Una ventaja adicional de esta inestabilidad la constituye el hecho de que, si el proceso de tratamiento está bien diseñado, no quedará residual de ozono en el agua, así como tampoco en la atmósfera de la piscina.

No obstante, en muchos lugares las autoridades establecen una cantidad residual mínima estable de desinfectante en el agua de las piscinas. En estos casos se utilizan pequeñas cantidades de cloro o bromo para llegar a alcanzar la cantidad exigida por ley. Incluso en estas circunstancias un pre-tratamiento con ozono resulta ventajoso, ya que éste disminuirá la demanda de cloro (o bromo) del agua, a la vez que reduce las concentraciones de dichos agentes químicos en el agua de recirculación.

Debe tenerse presente que el tratamiento del agua de piscinas o balnearios es único por lo específico, al tratarse del control de la calidad de un agua contaminada con una amplia variedad de sustancias indeseables. Los usuarios de este tipo de instalaciones contribuyen a aumentar la contaminación típica del agua con elementos de distinta naturaleza que deben ser eliminados o destruidos (bacterias, virus, orina, sudor, esputos, pelo, cosméticos, etc.). Por otra parte, debido a los grandes volúmenes de agua contenidos en las piscinas, ésta debe ser reciclada, lo que viene a incrementar la complejidad del tratamiento, resultando la mayor parte de las veces mucho más difícil que, por ejemplo, el tratamiento de agua potable.

A partir de ahora, siempre que hablemos de aguas de baño hacemos referencia tanto al agua de piscinas como de spas o balnearios.

8.5.a. Problemas inherentes a las aguas de baño

A fin de ofrecer las prestaciones que sus usuarios buscan al acudir a un **balneario o piscina**, el agua de ésta debe garantizar una calidad irreprochable. Para el bañista este concepto viene representado por la transparencia del agua, así como por la ausencia de olores y sabores; para el higienista, por su parte, significa un agua libre de materia orgánica y mineral, así como de cualquier tipo de microorganismo. Pero conseguir un agua de estas características presenta varios problemas.

8.5.a.a. El medio:

Transportados fundamentalmente por la atmósfera, los elementos indeseables se encuentran en cantidad más significativa en las piscinas al aire libre que en las cubiertas; aparecen, en cualquier caso, como materia en suspensión.

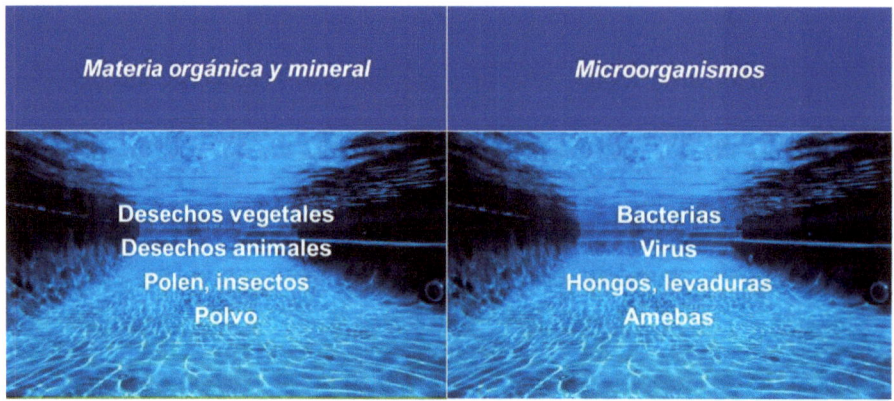

8.5.a.b. Los usuarios

A diferencia de la pequeña significación que en los lagos puede tener la contribución humana a la contaminación del agua, en las aguas de baño de una piscina, esta constituye la vía más importante de su degradación. Antes de introducirse en el vaso, y a pesar de haberse lavado cuidadosamente, cada bañista es portador de 300 o 400 millones de bacterias aproximadamente, sin contar los 0'5 g de materia orgánica que aporta en forma de pequeñas partículas de piel, pelo, grasa, saliva, sudor, orina, cosméticos, etc.

Desde un punto de vista cuantitativo, un nadador, consciente o inconscientemente, por una cuestión inherente al movimiento muscular, añade al agua del vaso unos 50 mL de orina.

Todas estas aportaciones de materia orgánica al agua, unidas a las cálidas temperaturas utilizadas en las piscinas (28-35ºC), proporcionan a hongos, bacterias y virus unas óptimas condiciones de vida en las que pueden multiplicarse fácilmente, lo cual representa un grave problema que concierne a la Salud Pública.

8.5.a.c. Problemas sanitarios:

Mencionaremos aquí únicamente las principales infecciones derivadas de las aguas de baño. En lo que concierne al modo de penetración del agente químico o microbiológico en el organismo, existen dos categorías: oral o cutáneo.

TIPO DE MICROORGANISMO	ESPECIE RESPONSABLE	CONSECUENCIAS
Amebas	Entamoeba naegleria	Meningitis
Bacterias	Staphylococcus, sp.	Rinofaringitis, conjuntivitis, otitis
Hongos microscópicos	Varios	Micosis cutánea
Virus	Papillomavirus	Papilomas

Los riesgos originados por agua de vasos con un sistema deficiente de desinfección van desde una simple irritación de mucosas a enfermedades que pueden llegar a ser mortales. La tabla 3 muestra las distintas posibilidades de contagio de los bañistas.

No tiene sentido el pretender enumerar aquí las consecuencias de todo lo anteriormente expuesto, pero es importante tener en cuenta que la propagación de enfermedades como la hepatitis infecciosa, la poliomielitis y las fiebres tifoideas pueden ser controladas en los vasos de baño con un correcto diseño del tratamiento de desinfección del agua.

8.5.b. Inconvenientes de la desinfección tradicional con cloro

La cloración es tradicionalmente el tratamiento desinfectante mayoritariamente empleado en las aguas de baño. El objetivo de la cloración es el de garantizar al agua un buen "estado de salud" y mantener la presencia de un cierto nivel de cloro libre activo para actuar como oxidante-desinfectante, básicamente contra la contaminación provocada por los mismos bañistas.

El principal problema derivado del uso del cloro, aparte de la toxicidad inherente a su naturaleza, es que, en función del pH, el cloro se combina con sustancias orgánicas (sudor, orina...), dando lugar a la formación de cloraminas (cloro combinado o compuesto) cuyo poder desinfectante es mucho menor que el del cloro libre activo. Además, las cloraminas son las verdaderas causas del prurito conjuntival y del molesto olor que tienen a veces las aguas de baño habiéndose establecido asimismo su toxicidad para la fauna acuática

Últimamente, a causa de los inconvenientes que presenta la desinfección con cloro, se utiliza la electrolisis salina; el problema de este método estriba en que su uso es equivalente a la desinfección convencional con cloro, con la diferencia de que en este caso el cloro se produce en la propia instalación a medida que se necesita. Presenta, pues, la misma problemática de subproductos del cloro, aunque no la debida a altas dosis del producto.

Un valor de pH superior a 7,6 es causa de irritación en conjuntiva y mucosas, favorece las incrustaciones y reduce en gran medida la capacidad desinfectante del cloro. De hecho, con valores de pH superiores a 7,6 sólo una mínima parte del producto de cloro añadido al agua se transforma en ácido hipocloroso, que es el verdadero agente oxidante-desinfectante. El resto se transforma en el ión hipoclorito, 100 veces menos activo como desinfectante que el ácido hipocloroso.

En cuanto a su toxicidad, el cloro es un gas irritante de las mucosas y del aparato respiratorio que puede producir hiper-reactividad bronquial en individuos susceptibles. Esta clasificación, como ya hemos mencionado, la comparte con el ozono, también agente irritante. La diferencia —en este caso en particular más que significativa-, estriba en que el ozono, es irritante por vía respiratoria, por lo que disuelto en agua el ozono resulta completamente inocuo.

El primer síntoma de exposición al cloro es la irritación de las mucosas oculares, de la nariz y de la garganta, que va en aumento hasta producir un dolor agudo. Esta irritación afecta también a las vías respiratorias inferiores, produciendo una tos refleja que puede provocar el vómito y en casos extremos edema pulmonar. Las personas expuestas durante largos periodos de tiempo a bajas concentraciones de cloro pueden presentar una erupción que se conoce como cloracné.

Es bien sabido, asimismo, que el típico olor a piscina es debido a la combinación del cloro con compuestos nitrogenados como la urea, presente en el agua, como ya se ha indicado, por contaminación humana. Otras sustancias tóxicas y sumamente irritantes se producen asimismo en este proceso. Así, se ha demostrado en estudios experimentales, que el efecto irritativo es más acusado en el caso de subproductos como monocloramina o clorourea, que en el de una exposición a cloro libre.

El nivel más bajo al que se detectan sus efectos (NOEL) se asocia habitualmente a su umbral olfativo (< 0.3 mg/m^3).

8.5.c. Purificación del agua de recirculación

Una vez contaminadas las aguas de baño por las causas indicadas, su recirculación no debe realizarse hasta asegurarse de que el agua se devuelve al vaso con una calidad equiparable a la del agua potable, desde el punto de vista epidemiológico y de Higiene general.

El tratamiento de purificación requiere varios pasos:

a) Prefiltración:

Para conseguir la eliminación de coloides y sólidos en suspensión. Se trata de retener las partículas de mayor tamaño evitando su descomposición el vaso y protegiendo, a la vez, la bomba de circulación del agua. Su diseño debe facilitar una limpieza periódica y rápida.

b)   Floculación:

Para el tratamiento de coloides y sólidos en disolución, así como partículas en suspensión que, por su reducido tamaño, no hayan quedado atrapadas en el primer filtro. Los agentes floculantes consiguen coagular los elementos en disolución, que una vez precipitados pueden ser retenidos por filtración.

- El floculante más utilizado es el sulfato de aluminio, aunque también se utilizan para este fin cloruro férrico o aluminato sódico.

- La adición del agente floculante se debe realizar aprovechando el flujo entrante de la bomba, de manera que la turbulencia del agua asegure una buena homogeneización y un tiempo de contacto suficiente antes de la filtración.

c)   Filtración:

Precedida de una floculación, la filtración en esta etapa permite la eliminación de los materiales responsables de la turbidez, lo que contribuye a un mayor rendimiento en el siguiente paso, la ozonización, tanto desde el punto de vista de la purificación química como de la microbiológica.

- Los filtros utilizados en esta etapa suelen ser de arena o de diatomeas, aunque estos últimos no son muy recomendables tras la floculación. En la tabla 4 se muestran los diferentes tipos de filtros utilizados normalmente, así como sus características.

TIPO DE FILTRO	COMPOSICIÓN (TAMAÑO DE GRANO)	ALTURA	VELOCIDAD DE FILTRACIÓN
Arena (clásico)	Arena (0'4-0'8 mm)	0'8 a 1'2 m	10-20 m/h
Arena (rápido)	Arena (0'4-0'6 mm)	0'4 a 1 m	20-50 m/h
De doble lecho	Arena (0'4-0'7 mm)	0'4 a 0'6 m	25-40 m/h
	Hidroantracita (0'8-1'6 mm)	0'4 a 0'6 m	
Multi-lecho	Arena (0'4-0'7 mm)	0'4 a 0'6 m	15-30 m/h
	Hidroantracita (0'8-1'6 mm)	0'4 a 0'6 m	
	Carbón activo	0'3 a 0'5 m	
De diatomeas	Diatomeas		4-5 m/h

Tabla 4.- Características de diversos filtros

d) Oxidación y descomposición de materia orgánica. Desinfección:

Tratamiento consistente en propiciar la oxidación de la materia existente en el agua mediante la adición de un agente oxidante, a fin de eliminar los microorganismos presentes en ese agua.

El agente oxidante ideal para agua de piscinas debería cumplir los siguientes requisitos:

- Máximo poder oxidante con el menor tiempo de contacto.
- Alta eficacia desinfectante.
- Fácil y seguro de manejar, que no produzca exceso de oxidantes que deban ser eliminados.
- No formar productos de reacción tóxicos o irritantes.
- No originar cambios en la composición del agua.
- Ecológicamente seguro.

Como hemos ido exponiendo a lo largo de estas páginas, el ozono cumple todos y cada uno de estos requisitos por su peculiar naturaleza. Generado *in situ* por descarga eléctrica en el aire, el ozono participa activamente en los fenómenos de oxidación y esterilización del agua de piscinas, gracias a su alto potencial redox, que lo convierte en el oxidante más potente después del flúor.

Gracias a las características citadas, el ozono demuestra ser un agente esterilizante mucho más versátil y eficaz que el cloro también en el tratamiento de agua de piscinas, habiéndose comprobado, entre otros beneficios, que las instalaciones equipadas con ozono pueden funcionar perfectamente con una menor capacidad de circulación del agua, como se refleja en la tabla siguiente:

Dimensiones del vaso (m)	Área (m^2)	Tratamiento habitual (m^3/h)	Tratamiento con OB_{3B} (m^3/h)
16-2/3 x 8	133	59	49
25 x 8	200	89	74
25 x 10	250	111	93
25 x 12'5	312'5	139	115
25 x 16-2/3	416'5	185	154
50 x 16-2/3	833	370	308
50 x 20	1000	444	370
50 x 21	1050	466	389

Capacidad de circulación según las dimensiones del vaso en tratamientos convencionales y con ozono.[9]

En cuanto a las concentraciones del gas necesarias para un buen tratamiento de desinfección, en la tabla que sigue se muestran las diferentes concentraciones de ozono necesarias para el tratamiento del agua de piscinas en función de la capacidad de estas en litros:

[8] PT Ensenauer, P., "Swimming Pool Water Treatment with Ozone", *Haustechnik-Bauphysik-Umwelttechnik,* 100 (1/2): 49-53, 1979.

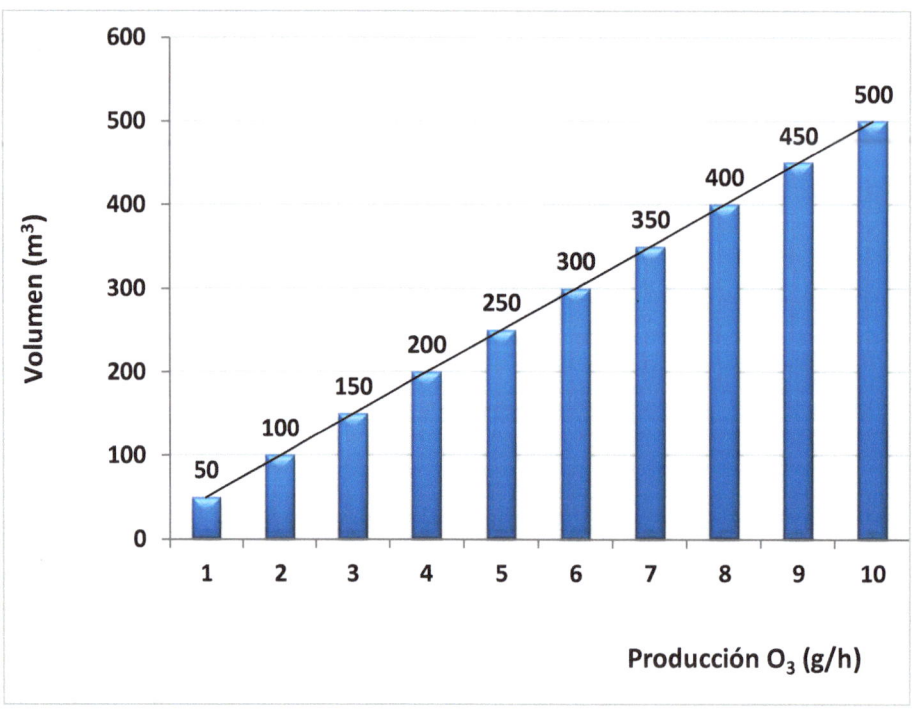

Necesidades de ozono (g/hora) según las dimensiones del vaso (m³).

Como se ha indicado, tras la ozonización del agua, precedida de los procesos de filtrado y floculación señalados, el agua de recirculación, ya desinfectada, ha de ser devuelta al vaso. A fin de asegurar una renovación eficiente los ciclos de recirculación deben ser lo más cortos posible (en la práctica, entre 3 y 5 horas, dependiendo de la afluencia de público a la piscina y de los equipos de las instalaciones).

Como resumen de todo lo hasta aquí expuesto, las figuras siguientes muestran, de manera esquemática, el tratamiento de agua de piscina con ozono. Entre los pasos que en la gráfica figuran y no se han comentado están el ajuste de pH, el recalentamiento del agua y la adición de un residual de desinfectante.

1. Calentamiento del agua:

La temperatura del agua antes del tratamiento de recirculación varía de 22° a 27°C, que es el rango de temperatura utilizado en piscinas, cubiertas o no, por lo que tras el tratamiento suele ser necesario un recalentamiento del agua. Esta operación puede realizarse antes o después de la ozonización. En el segundo caso y ya que el aumento de temperatura contribuye a la inestabilidad del ozono, se asegura así la destrucción del exceso de gas presente en el agua; Evidentemente, de llevarse a cabo de esta manera, el calentador deberá estar construido en acero inoxidable a fin de evitar los posibles fenómenos de corrosión en el dispositivo.

2. Corrección de pH

Esta acción es necesaria en muy contadas ocasiones y entonces se lleva a cabo mediante la adición de carbonato sódico o ácido clorhídrico diluido, según las necesidades, después de la prefiltración.

3. Adición de un residual de desinfectante

En algunos casos (debido a que así se especifique en la legislación vigente, circuitos hidráulicos pobremente adaptados, etc.), es necesario forzar la existencia de un residual de desinfectante en el vaso de la piscina. La adición del agente desinfectante se hace casi siempre en el circuito hidráulico, entre la cámara de contacto del ozono y la boca de retorno del agua.

Cuando no se añade ningún desinfectante, es beneficioso tener un residual pequeño de ozono (de 0'05 a 0'1 mg/L) disuelto en el agua de entrada al vaso. De esta manera el agua no sólo está desinfectada, sino esterilizada. Las altas temperaturas del agua y del aire, que también tiene un alto grado de humedad, además de los sistemas de ventilación presentes en las piscinas cubiertas, contribuyen a la prevención de cualquier problema que el exceso de ozono en aire causaría a los usuarios.

A fin de controlar las concentraciones de ozono en aire, es necesario registrarlas a nivel traza (0'1ppm) en la atmósfera de la piscina. De cualquier manera, hay que resaltar que los efectos nocivos del gas no se manifiestan, como ya hemos señalado, hasta después de una exposición a **concentraciones en aire superiores a 0'05 ppm durante 8 horas**, concentraciones prácticamente inalcanzables con un correcto diseño de las instalaciones, y detectables a nivel olfativo en pocos minutos.

8.5.d. Respuestas a las preguntas más frecuentes

a) La cuestión tóxica

Lo importante al respecto es evitar un exceso de ozono en los pulmones de los nadadores y de las personas que se encuentren en las inmediaciones del vaso. Se considera excesiva una cantidad de ozono superior a 0'1 ppm durante 8 horas de exposición, como ya se ha señalado con anterioridad. Los generadores de ozono no podrían alcanzar estas concentraciones de gas en aire ni en el caso de que toda su producción escapara directamente a la atmósfera en lugar de ser inyectada en el agua.

b) La cuestión del residual

Si se trata de una piscina privada, la adición de un desinfectante residual no resulta necesaria. Por el contrario, en el caso de piscinas públicas debe utilizarse una pequeña cantidad desinfectante a fin de que permanezca en el agua un residual del mismo.

c) Lo que la ozonización no puede hacer en el agua de baño

Evidentemente, el ozono no puede, por sí solo, compensar un fallo en los filtros, una mala circulación del agua o una limpieza deficiente.

d) Efectos colaterales beneficiosos para los usuarios

En primer lugar, el oxígeno disuelto, cuya saturación se alcanza rápidamente y se mantiene permanentemente. El punto de saturación depende de la temperatura del agua. El oxígeno disuelto no sólo actúa en el sentido de resistir contaminaciones posteriores, sino que realiza por sí mismo una cierta purificación del agua. Así es, ya que gracias a la permanente aireación del agua, pequeñas burbujas de oxígeno están presentes en toda la masa de agua. Estas burbujas se adhieren a las partículas en suspensión, elevándolas a la superficie, de donde serán retiradas por el flujo de recirculación del agua. Gracias a este efecto que lleva a la superficie materia depositada en el fondo de la piscina, será necesaria una menor aspiración de esta.

e) ¿Algún efecto colateral no deseable?

Materiales como la goma y similares pueden descomponerse en cierta medida en agua ozonizada, dejando restos en el fondo que, por su textura viscosa y deslizante puede confundirse con la presencia de algas.

f) Cenizas y espuma de oxidación

Como ya se ha indicado, toda materia oxidable será literalmente "quemada" por el ozono; de hecho, en el agua tratada se produce una forma de combustión húmeda que da lugar a la aparición de cenizas.

Estas cenizas son muy finas, por lo que debe haberse instalado un buen filtro capaz de retenerlas. En caso contrario, el agua se volverá más y más turbia a partir de unas semanas. También puede ocurrir que se vayan depositando en las paredes del vaso o en alguna esquina donde la corriente no sea muy fuerte. Al ser estas cenizas de un color variable entre marrón y verduzco, su aparición suele interpretarse como crecimiento de algas. De cualquier manera, las cenizas pueden ser fácilmente retiradas con el barrido automático habitual.

En cuanto a la espuma que puede aparecer ocasionalmente, ésta significa que existe todavía material oxidable que está siendo oxidado. Cuando la espuma no aparece es signo de que el agua está prácticamente libre de contaminantes.

g) La cuestión de la corrosión

Los generadores de ozono están especialmente diseñados para evitar la corrosión típica del gas ozono. Una vez ozonizada el agua, no hay peligro de corrosión para los elementos de la instalación, ya que el oxígeno disuelto, junto a un mínimo de dureza del agua (siempre presente), origina bicarbonato, que precipita depositándose en las paredes de los conductos en los que forma una fina película protectora. Dicha película actúa de manera similar a los agentes anticorrosivos que se añaden en los tratamientos industriales del agua. De manera que, aunque pueda parecer paradójico, el ozono previene así la corrosión.

h) Estudios en la materia

Aparte de todos los estudios ya citados hasta este punto, podemos añadir los realizados por especialistas en el tratamiento del agua, miembros de dos prestigiosas Universidades, una de EEUU y otra de Alemania, llevados a cabo con prototipos de ozonizadores de agua de piscina. Sólo tras recibir sus informes con resultados favorables se ha procedido a la instalación es serie de estos sistemas en los países citados, donde gran parte de las piscinas utilizan ya este tipo de tratamiento.

8.5.e. Beneficios del O_3 en el agua de baño

Ya que es un hecho incontrovertible el que las piscinas se están convirtiendo en una opción cada día más popular para el tiempo libre, así como el que la calidad de sus aguas debe satisfacer tanto a los usuarios comunes como a los nadadores profesionales, en el sentido de no ocasionar molestias cuyos efectos puedan manifestarse en el acto, o a medio plazo, han de buscarse alternativas a los tratamientos tradicionales a base de cloro, que tantos problemas ocasionan.

Tras todo lo anteriormente expuesto, resulta obvio que la ozonización constituye el tratamiento ideal para el agua de piscinas, balnearios urbanos o agua de recreo, al presentar un amplio repertorio de ventajas, entre las que podemos destacar:

- La purificación del agua de piscinas o balnearios urbanos que se consigue mediante ozonización es superior a la obtenida con cloración, ya que el tratamiento con ozono proporciona al usuario mayor protección frente a infecciones, además de un agua más limpia y de mejor calidad en su valoración integral.

- A través de las fases indicadas (prefiltración – floculación – filtración – ozonización –carbón activo–sistema de desinfección) es posible tratar el agua hasta el extremo de que la piscina se convierta en un lugar seguro y saludable para los bañistas.

- Con el uso de ozono, las cloraminas y los problemas de irritación que estas sustancias conllevan, quedan definitivamente suprimidos y eliminados.

- El ozono elimina o reduce drásticamente el crecimiento de hongos, otro problema frecuente en las piscinas.

- Con los tratamientos de ozono las tareas de limpieza y mantenimiento de las instalaciones disminuyen, y con ello su coste económico.

- Dado que el ozono es generado *in situ*, se eliminan los riesgos y costes generados por la manipulación, transporte y almacenamiento de productos tóxicos y peligrosos.

- El ozono es efectivo en el tratamiento de infecciones cutáneas, tanto en piscinas terapéuticas como convencionales.[10]

- Las piscinas ya instaladas pueden pasar de la cloración a adoptar la tecnología del ozono sin que ello suponga grandes inversiones.

A pesar de que la razón primordial para plantearse el mantenimiento del agua de las piscinas en perfectas condiciones de pureza es de orden sanitario e higiénico, de tal manera que se pueda asegurar a los usuarios un baño sin riesgos para su salud o, incluso, su vida, no debe dejar de tenerse en cuenta el aspecto económico de la cuestión, por lo que la segunda razón de peso para el control de calidad del agua de piscina, es el convertir las instalaciones en algo tan atractivo y estimulante que la gente quiera utilizarlas. La eliminación de los riesgos de contagios por algun patogeno hace más diferente y competitiva la piscina o las aguas de baño.

Como ya hemos visto, nada mejor para conseguir este fin que el agua ozonizada, transparente, oxigenada y sin sabores ni olores extraños. El agua se ha definido siempre como un líquido incoloro, inodoro e insípido, y así debe presentarse a las personas interesadas en practicar un deporte sano y seguro, o simplemente relajarse durante su tiempo de ocio, evitando reacciones alérgicas y daños en las mucosas. El agua ozonizada proporciona la claridad y apariencia asociada habitualmente con el agua en su estado más puro, además de una calidad higiénica irreprochable.

---

[10] PT Wolf, H., "Ozone treatment in Medicine"; Werkmeister, H., "Ozone Treatment in Radiation Therapy", ambas presentadas en el 3Prd P International Congress on Ozone Technology, Paris, France, Mayo, 1977, *Intl. Ozone Assoc.*, Vienna, VA.

8.6. INDUSTRIA VITIVINÍCOLA.

La industria vitivinícola constituye un sector muy importante no sólo dentro de España, sino en toda la Unión Europea, que ocupa un lugar preponderante en el mercado vinícola mundial: representa el 45% de la superficie vitícola del planeta, el 65% de la producción, el 57% del consumo y el 70% de las exportaciones.

Dentro de este sector se ha hecho patente una grave preocupación por las contaminaciones producidas por factores exógenos a la elaboración de los vinos propiamente dicha y que dificultan la percepción óptima de los mismos, afectando a su comercialización.

Estas contaminaciones provocan en los caldos olores y sabores indeseables ("olor a moho", "olor a ratón" y hasta aromas a "medicina" o incluso a "orín de caballo") que pueden dar al traste con todo el esfuerzo de los bodegueros.

Hay dos factores de distinto origen que dan lugar a estas contaminaciones: uno químico, debido a los llamados **"anisoles"** y otro microbiológico, constituido por levaduras del género *Brettanomyces*.

En ambos casos la implantación de un buen sistema de limpieza y desinfección eliminando el uso de cualquier producto a base de cloro puede limitar al máximo los riesgos de aparición de estos problemas, resultando una opción inmejorable el uso de **ozono** en las tareas de lavado y desinfección de equipos e instalaciones, así como en el aire del interior de las bodegas, ya que por su potente acción oxidante es capaz no sólo de destruir todo tipo de microorganismos, sino también compuestos químicos aromáticos (como los anisoles) que degrada a moléculas inofensivas.

8.6.a. Anisoles

El olor a moho o humedad (muchas veces descrito erróneamente como olor a corcho) es uno de los defectos más frecuente y desagradable en vinos. Varias moléculas han sido identificadas como responsables de este olor. Entre ellas se puede mencionar al 2,4,6 Tricloroanisol (TCA), encontrado en la mayoría de los vinos catalogados con olor a moho.

Sin embargo el término *olor a corcho* es frecuentemente inapropiado ya que a pesar de que los corchos obtenidos a partir de la corteza del alcornoque, pueden liberar TCA si la calidad del proceso de manufactura no es satisfactorio, existen otras fuentes de contaminación; por ejemplo el Pentacloroanisol (PCA) y el 2,3,4,6 Tetracloroanisol (TeCa), también responsables de estos olores, son  producidos por degradación de ciertos plaguicidas que contienen 2,3,4,6 Tetra-clorofenol (TeCP) o Pentaclorofenol (PCP) con TeCP como impureza. Estos compuestos pueden contaminar vinos que NO han estado en contacto con los corchos. De hecho cada vez es más evidente que un porcentaje elevado de los vinos contaminados lo han sido en la misma bodega.

Los anisoles derivan de la O-metilación de plaguicidas halofenólicos, que son ALTAMENTE TOXICOS, como parte de una reacción normal de detoxificación del ambiente mediada por diferentes especies de microorganismos. Los hongos filamentosos son considerados responsables de la aparición de los anisoles, aunque parece no existir una correlación entre el crecimiento de alguna cepa en particular y la aparición de los mismos.

El origen de los haloanisoles está, pues, ligado a la presencia en las bodegas de compuestos clorados como plaguicidas, lejías, agua clorada o desinfectantes de madera, que son metabolizados por hongos filamentosos (sobre todo del género *Aspergillus* y *Penicillium*).

Se trata de compuestos capaces de arruinar las propiedades organolépticas naturales de cualquier vino; tienen un umbral de percepción olfativa muy bajo y generalmente son muy volátiles, capaces de transmitirse a través del aire y con una gran facilidad para adherirse y contaminar madera, corcho, y otros materiales (polímeros plásticos, siliconas, cartón y papel, gomas, resinas, etc.)

Para erradicar este problema enológico se requiere la adopción como estrategia de un estricto control ambiental y de los materiales utilizados en la bodega para eliminar potenciales fuentes de contaminación.

8.6.b. Brettanomyces

Brettanomyces (también conocida como "brett") se considera una levadura de contaminación que infecta los mostos y vinos en el curso de operaciones pre y post-fermentativas. Se trata de un género de levaduras incluido en los Ascomicetes, uno de los cuatro filos en los que se clasifican los hongos. Este tipo de levadura forma un género con más de cuatro especies. De éstas, fundamentalmente es *Brettanomyces bruxellensis* (y su forma esporulada, *Dekkera*) la que interesa desde el punto de vista enológico.

Las secuelas que este hongo puede dejar en aquellos caldos en los que se desarrolla van desde el "olor a ratón" hasta aromas medicamentosos o incluso a "orín de caballo". Esta levadura es capaz de producir al menos diez compuestos aromáticos que llevan a la destrucción de los caracteres afrutados de los vinos. Los tipos de vino contaminados son múltiples: blanco, tinto, dulces..., siendo su presencia típicamente asociada a los vinos en curso de añejamiento en barrica.

Desde un punto de vista gustativo, parece que los defectos debidos a *Brettanomyces* aparecen primero a la nariz pero no son desagradables para el degustador. Por el contrario, a partir de la fase estacionaria y de declinación, los defectos olfativos son predominantes y aparecen en boca. En este estado las sensaciones son muy desagradables.

La relación del 'brett' con el vino comienza en la vid. Se ha hallado en el hollejo de la uva de todo tipo de cepas de *Vitis vinifera* y en casi todas aquellas regiones donde se ha estudiado con las técnicas apropiadas, aunque no ocasiona ninguna enfermedad al fruto ni a la planta. En la época de la vendimia la levadura llega al lagar adherida a la uva, por lo que es la propia materia prima la que introduce la contaminación. Además, la mosca de la fruta, que es muy abundante en esta época, se encarga de llevarla a todos los rincones de la bodega. Igualmente, si las condiciones de desinfección de instrumentos e instalaciones de la bodega no han sido apropiadas, pueden existir esporas de una campaña a otra.

En los medios que presenten azúcares fermentables (como el mosto) el metabolismo del "brett" se dirigirá a producir etanol y posteriormente grandes cantidades de ácido acético. Tiene capacidad filmógena, lo que significa que puede formar velo en la superficie del medio para realizar un metabolismo aerobio.

Un seguimiento regular de todos los vinos y una detección precoz del contaminante antes de la fase estacionaria son importantes, pudiendo salvar un vino destinado a la destrucción de sus cualidades aromáticas. La descontaminación ambiental de las instalaciones con ozono, y la desinfección de agua y barricas con éste garantiza la ausencia de esta y cualquier otra levadura u hongo en las bodegas.

8.6.c. Puntos de aplicación

Los tratamientos con ozono en bodegas pueden ser llevados a cabo de manera integral, a modo de prevención eficaz, o en la solución de problemas específicos de contaminación una vez surgidos estos. En cualquier caso, a continuación detallamos los puntos críticos en los cuales la aplicación del ozono resulta una herramienta eficaz:

8.6.c.a. Lavado de uva

Los clorofenoles han sido ampliamente utilizados durante décadas como plaguicidas y preservantes de la madera; como consecuencia, y debido a su alta persistencia (hasta decenios), han llegado a ser uno de los grupos más importantes y ubicuos de contaminantes, encontrándose prácticamente en todos los ecosistemas.

Asimismo, *Brettanomyces*, como ya hemos señalado, puede abundar en los viñedos, con lo que la levadura llega al lagar adherida a la uva, por lo que es la propia materia prima la que introduce la contaminación.

Tanto en el caso de la existencia de halofenoles como de *Brettanomyces* en la superficie de las uvas, un lavado de éstas con agua correctamente ozonada puede eliminar ambos problemas al destruir el ozono con facilidad tanto microorganismos como compuestos de naturaleza aromática tal que los halofenoles.

8.6.c.b. Corcho

Aunque está demostrado que el corcho no es el responsable del olor a moho que deteriora la calidad de los vinos, es un material susceptible de resultar contaminado con facilidad por anisoles durante su procesado, sobre todo durante el blanqueo por tratamiento con cloro, aunque también el ambiente industrial en que se producen los tapones de corcho puede ser el origen de la contaminación de éste.

Por ello, entre las medidas destinadas a la reducción del riesgo de contaminación durante la producción de tapones de corcho se cuenta la del uso de ozono para el control microbiano[11], así como para la desinfección del aire ambiente industrial que evitará, además de la proliferación de mohos y levaduras, la contaminación por TCA vía aérea.

8.6.c.c. Bodegas

Como hemos visto, la presencia de anisoles en el vino no siempre debe atribuirse al tapón de corcho (TCA endógeno), sino que a veces ocurren contaminaciones de los tapones de corcho elaborados y exentos de contaminación, ya sea durante su transporte o almacenamiento (TCA exógeno, procedente de los embalajes o del suelo del medio de transporte, o del suelo y del ambiente de la bodega); también los vinos pueden contaminarse sin tener contacto alguno con los tapones de corcho antes de su embotellado o durante el embotellado (depósitos o tuberías mal higienizadas).

Así, se ha informado de casos en los que el cartón de embalaje de los tapones o el suelo del medio de transporte o el lugar de almacenamiento contenían clorofenoles como resultado del uso de tratamientos a base de cloro para el blanqueo del cartón o la higiene del suelo, así como otros casos de contaminación durante la crianza en barricas mal destartarizadas en las que pueden quedar microorganismos que, si se aporta cloro en las aguas de lavado, podrían sintetizar TCA.

En un informe preventivo en relación al TCA, elaborado y distribuido en el año 2000 por C.R.D.O. "Ribera del Duero", se detallan cuatro puntos de control críticos (PCC) en la elaboración de tapones y vinos:

---

[11] De hecho el ozono está siendo utilizado en la actualidad en distintas corcheras para la desodorización y desinfección de los tapones de corcho.

- Maderas (barricas de roble, jaulones, cuñas, cerchas, cubiertas, tarimas y otros ornamentos) tratadas contra el ataque de hongos (pentaclorofenol).

- La cloración de las aguas (clorofenoles)

- El corcho, empezando por la corteza del alcornoque (cloroanisol) y su proceso de transformación.

- El control de humedad en las bodegas y el cuidado en las operaciones de embotellado.

El ozono constituye una provechosa solución del problema de la contaminación de los vinos con olores y sabores extraños, atacándolo a dos niveles:

- **Elimina los precursores:**
  - **CLORO**, al sustituirlo en las tareas de limpieza y desinfección.
  - **HALOFENOLES**, que son degradados por el ozono.

- **Elimina los agentes productores:**
  - **Hongos filamentosos** (tanto en su forma vegetativa como sus esporas)
  - **Brettanomyces** y **Dekkera**,

8.7. AGUA DE RIEGO

La tendencia de la actividad agrícola en el ámbito mundial de reducir la dependencia de químicos sintetizados y el tamaño de las áreas dedicadas a la agricultura, sin que esto afecte el volumen y la calidad de la producción de alimentos, ha impulsado a los investigadores a generar alternativas que permitan hacer más eficiente la producción con menor uso de agroquímicos, al mismo tiempo que se continúa la búsqueda de alternativas viables.

Por otra parte, la presencia de microorganismos patógenos en diversos suelos, puede constituir un vehículo de transmisión de enfermedades causadas por bacterias patógenas, virus y hongos a los que los cultivos de especies comestibles son muy sensibles.

Tanto para la desinfección y descontaminación química del suelo, como para la desinfección de la planta, hojas y frutos, el ozono ha demostrado ser un perfecto aliado, INOCUO para el medio, las plantas y los trabajadores. El ozono resulta, pues, extremadamente útil en agricultura, tanto en su uso para la desinfección y descontaminación de suelos mediante agua de riego, como en fumigaciones o pulverizaciones de las partes aéreas de las plantas con agua ozonizada o aceite de verano al que resulta sencillo añadir el poder desinfectante del ozono.

8.7.a. Desinfección de suelos

El uso de **agua ozonizada para el riego** consigue, además de proporcionar un **agua** completamente **libre de microorganismos** potencialmente peligrosos para las plantas, **descontaminar el suelo**, mejorando notablemente sus propiedades físico-químicas, con lo que los transforma en suelos más ricos en nutrientes, de los que la planta obtiene con mayor facilidad los elementos que necesita para un **crecimiento vigoroso** y sano.

Los suelos poseen una cierta capacidad para asimilar las intervenciones humanas sin entrar en procesos de deterioro. Sin embargo, esta capacidad es ampliamente sobrepasada en muchos lugares tras años de cultivo. Además, el suelo sufre la contaminación por residuos de productos fitosanitarios y fertilizantes. Algunos de ellos permanecen en el suelo, y desde allí se integran a las cadenas alimenticias, aumentando su concentración a medida que avanzan de nivel trófico.

El riego con agua ozonizada consigue descontaminar los suelos sobrecargados de residuos químicos que interfieren con sus propiedades físicas, con lo que dificultan la absorción de nutrientes por parte de las raíces y provocan una disminución en la disponibilidad de determinados elementos fundamentales para el correcto desarrollo de las plantas.

Como detallamos más adelante, el ozono actúa en la rizosfera, devolviendo a los suelos sus características físico-químicas naturales, proporcionando suelos más esponjosos, con mayor absorción, **menos proclives al encharcamiento** (lo cual es especialmente relevante en el caso de cultivo de pimiento) y más oxigenados, lo que redunda en una disminución del estrés de las raíces y por tanto, en una mejor absorción de nutrientes.

8.7.b. Ventajas del riego con agua ozonizada

La **desinfección de los suelos** tiene el objeto de evitar las plagas que afectan a las plantas y que pueden hacer peligrar la producción del cultivo. Las técnicas de desinfección física tienen como principal problema su elevado coste de aplicación, por la cantidad de mano de obra necesaria para su aplicación o su coste energético, mientras que la desinfección química tiene dos problemas principales: la elevada toxicidad de los productos químicos utilizados, que requiere una utilización especializada y cuidadosa, y la ilegalización de muchos de los compuestos utilizados para desinfección, de acuerdo con la "Lista Única Comunitaria de Sustancias Activas" (cuyas bases fueron marcadas por la Directiva 91/414/CEE y trasladadas en España al Real Decreto 2163/94).

Frente al alto coste y la peligrosidad de los desinfectantes tradicionales, el riego con agua ozonizada se presenta como una alternativa eficaz y sin impacto medioambiental ofreciendo, además de su alto poder desinfectante, las siguientes ventajas:

8.7.b.a. Formación de humus

El ozono produce una reacción con el suelo, y según los datos resultantes del estudio, la causa más probable es la transformación de la materia orgánica vía humificación. La formación de humus es muy beneficiosa para el suelo y los cultivos, por lo que se trata de un efecto altamente positivo de la aplicación de ozono.

8.7.b.b. Acidifica suelos de alto pH

El hecho anterior está relacionado con la variación del pH que se ha observado en los análisis físico-químicos, según los cuales al aumentar la dosis de ozono, disminuye el pH del suelo.

La degradación de la materia orgánica produce la liberación de hidrogeniones por diferentes procesos, lo que finalmente genera la acidificación del sustrato. Se ha comprobado que el descenso de pH permanece en el tiempo, manteniéndose estable en el suelo, al menos durante un mes tras la aplicación del ozono.

Esto puede suponer una gran ventaja para zonas donde los suelos se caracterizan por ser muy básicos, y donde los valores altos de pH dificultan la asimilación de nutrientes. La aplicación de ozono en estos casos aumentaría la calidad de las producciones agrícolas, pues mejoraría notablemente la disponibilidad de nutrientes en el suelo, con el consecuente ahorro de gastos en productos fertilizantes y enmiendas que ahora son necesarios, y la disminución de los impactos ambientales que se derivan de ello.

8.7.b.c. Incrementa la disponibilidad del fósforo

Aún disminuyendo el pH hasta valores donde dicho nutriente es poco asimilable, mediante el riego con agua ozonizada las formas disponibles aumentan, lo que provoca un aumento de fertilidad en el sustrato tratado.

La complejidad de la dinámica química del fosforo en el suelo, provoca grandes variaciones en el tenor de fósforo disponible y asimilable para los cultivos. Asimismo, es el nutriente que más sufre los efectos de transformaciones, de sus formas lábiles en no lábiles. A pesar de que, generalmente, un descenso del pH disminuye la disponibilidad del fósforo asimilable, en el caso que nos ocupa se produce el efecto contrario.

Este comportamiento, puede estar causado por la reactividad indirecta del ozono con la materia orgánica. Esta se produce a través de la descomposición del ozono, que provoca la formación de radicales libres altamente reactivos como los radicales hidroxilo (.OH) o hidroperoxilo (.HO2), que oxidan la materia orgánica.

La oxidación de la materia orgánica incrementa la disponibilidad del fósforo, disminuyendo la precipitación de fosfatos con el hierro y el aluminio. Asimismo, la liberación de grupos hidroxilo da lugar a que los ácidos orgánicos formen, con cationes hidroxilados como $Fe(OH)_2$ y $Al(OH)_2$, combinaciones complejas que inmovilizan dichos iones, dejando en libertad los iones fosfato.

8.7.b.d. Aumenta la disponibilidad del hierro

La deficiencia del hierro es un factor limitante en el crecimiento de las plantas. Dentro de los micronutrientes, el hierro se necesita en grandes cantidades y su disponibilidad depende del pH del sustrato.

A pesar de que el hierro está presente en grandes cantidades en los suelos, su disponibilidad para las plantas es generalmente muy baja, y por lo tanto, la deficiencia de hierro es un problema común.

El hierro es un constituyente de varios enzimas y algunos pigmentos; ayuda a reducir los nitratos y sulfatos y a la producción de energía dentro de la planta. Aunque el hierro no se usa en la síntesis de la clorofila, es esencial para su formación. Esto explica por qué la deficiencia de hierro manifiesta clorosis en las hojas nuevas.

Las plantas pueden absorber el hierro en sus estados de oxidación Fe (II) (hierro ferroso) y Fe (III) (hierro férrico), pero aunque la mayoría del hierro en la corteza terrestre está en forma férrica, la forma ferrosa es fisiológicamente más importante para las plantas.

Esta forma es relativamente soluble, pero se oxida fácilmente al Fe (III), que tiende a precipitarse.

El hierro férrico es insoluble a pH neutro y alto, y por lo tanto no está disponible para las plantas en los suelos alcalinos y en los suelos calcáreos. Además, en estos tipos del suelo, el hierro se combina fácilmente con los fosfatos, los carbonatos, el calcio, el magnesio y con los iones de hidróxido.

El hecho de que el riego con ozono baje el pH del suelo, hace que la disponibilidad del hierro en su forma soluble (ferroso) aumente, lo que contribuye al vigor y correcto crecimiento de las plantas.

8.7.b.e.Incrementa la aireación del suelo, mejorando el intercambio entre raíces y suelo en la rizosfera

Las raíces de las plantas necesitan grandes cantidades de oxigeno para respirar; de hecho, el oxigeno es necesario para la vida de muchos organismos del suelo, además de participar en todos los procesos oxidativos que afectan al suelo y la planta. En el caso de no contar con suficiente oxígeno en la rizosfera (zona de interacción única entre las raíces de las plantas y el suelo) las consecuencias son graves pues la absorción de agua y nutrientes se ve significativamente disminuida, reduciéndose así el rendimiento y la calidad de la planta. Con un aporte adecuado de **ozono**, se induce un aumento en la oxigenación de esta zona de **intercambio entre la raíz y el suelo** gracias a las micro-burbujas transportadas en el agua de riego.[12] De esta forma, las condiciones del cultivo son inmejorables, **optimizando las funciones radiculares**.

Existen estudios en los que se concluye que el ozono produce un aumento en la conductividad hidráulica saturada y una disminución en la dispersión de arcilla. Tanto un aumento de la conductividad hidráulica (que representa una mayor facilidad del medio en dejar pasar el agua a través de él) como la disminución de la dispersión de arcilla, redundan en un aumento en la percolación (*percolación* se refiere al paso lento de fluidos a través de materiales porosos)[13], lo que implica una mayor absorción por parte de las raíces de agua y nutrientes.

---

[12] The Effects of Ozonated Irrigation Water on Soil Physical and Chemical Properties (OVERVIEW). Logan Raub, Christopher Amrhein, and Mark Matsumoto University of California, Riverside. 2002
[13] En el estudio de Pedersen y Redsun (1996) se refleja un acuerdo general en que la capa superior del suelo en campos tratados de ozono era más porosa y esponjosa, así como también se observa menos agua estancada, disminución de la coagulación y una penetración más profunda del agua en los suelos. Todas estas observaciones están de acuerdo con los efectos de un tratamiento que aumenta floculación de la arcilla.

8.7.b.f. Mejora en el crecimiento, vigor y productividad de las plantas

Como consecuencia de todo lo anterior. De hecho, existen publicados diversos ensayos que informan de que el ozono en el agua de riego puede mejorar el vigor de los cultivos, reducir la aparición de insectos y enfermedades, mejorar la penetración del agua, y reducir las necesidades de fertilizantes. Se ha observado que los suelos de campos tratados con ozono parecen más esponjosos y tienen menos agua estancada.[14] El corolario de todas estas mejoras en la planta es un fruto más rico en azúcares y aroma, con un sabor más intenso. Esto se hace particularmente patente en los cultivos de sandía.

8.7.b.g. Aumenta la germinación sin fitotoxicidad

Según las pruebas de fitotoxicidad de Zucconi y de Juste. Mediante el test de Zucconi se determina el índice de germinación, un buen indicador de la presencia de fitotoxinas en un sustrato. Este ensayo puede ayudar a comprobar si el sustrato donde se ha aplicado ozono es apto para su utilización en el establecimiento de plantas, ya que es capaz de detectar la presencia de sustancias con potencialidad fitotóxica.

Zucconi considera que valores de índices de germinación del berro superiores al 50 %, indicarían ausencia de fitotoxicidad en la muestra. En los estudios realizados con ozono, todos los resultados están por encima de esta cifra, aproximándose e incluso superando el valor del testigo. Es más, los resultados con tratamientos de un minuto sugieren que esta aplicación tiene un efecto estimulante en el crecimiento de la planta.

En conclusión, aunque se aprecia una pequeña disminución en el índice de germinación a medida que aumenta el tiempo de aplicación, el ozono en suelo no produce efectos fitotóxicos, ya que los valores superan con amplio margen el 50% en este índice.

Así pues, los resultados del ensayo de Zucconi y Juste no indican que el ozono provoque problemas de fitotoxicidad, e incluso en algunos tratamientos estimula la germinación. De este modo y según los datos obtenidos en estudios, la aplicación de ozono en el suelo no produce efectos adversos en las primeras etapas de desarrollo de las plantas.

---

[14] "The Effects of Ozonated Irrigation Water on Soil Physical and Chemical Properties", Logan Raub, Christopher Amrhein, Mark Matsumoto. *Ozone: Science & Engineering*, 23 (1), 2001.

8.7.b.h. Reduce costes, riesgos y tiempo de espera en el tratamiento de suelos

Ya que no se requiere la instalación de cubrimientos plásticos para aumentar la eficacia desinfectante del ozono, así como tampoco almacenaje, con lo que también reduce estos costes; El hecho de no precisar de almacenamiento hace que, asimismo, se eliminen los riesgos derivados de la manipulación y aplicación de productos fitosanitarios peligrosos y, por último, se elimina el tiempo de espera entre el tratamiento y la siembra o plantación.

8.7.c. Fumigación con ozono

El ozono disuelto en las concentraciones adecuadas **en agua**, puede ser utilizado como desinfectante foliar y de frutos, dado su alto poder biocida, capaz de eliminar los hongos y bacterias causantes de enfermedad en las plantas.

Pulverizaciones periódicas con agua ozonizada garantizan una cosecha abundante, y una plantación libre de hongos, con un aumento en la salud, resistencia y vigor de las plantas.

Asimismo, el ozono es un potente cicatrizante, por lo que es aconsejable su uso tras la cosecha o la poda, ya que las heridas dejadas por las ramas o el fruto al ser cortados constituyen un paso franco para los microorganismos patógenos; al acelerar el proceso de cicatrización y mantener las heridas libres de microorganismos (porque los destruye), las pulverizaciones con ozono garantizan que las plantas no se vean afectadas por las diversas enfermedades que pueden desencadenarse tras estas operaciones.

ACEITE DE VERANO: Se conocen como "aceites de verano" una serie de aceites minerales utilizados como insecticidas, sobre todo en árboles y arbustos.

Aunque no se conocen experiencias previas en esta aplicación específica del ozono, existe la posibilidad de ozonizar el aceite de verano, consiguiendo con ello, además de su efecto insecticida, un efecto biocida de alta eficacia, al ser el aceite un vehículo idóneo para las moléculas de ozono. Disuelto en el aceite, la permanencia del ozono en la superficie donde se aplica es mucho mayor, aumentando así el tiempo de contacto entre los microorganismos y el ozono, con lo que su eficiencia se vería incrementada notablemente. Así lo hemos constatado en los casos de aplicación de aceite de oliva ozonizado como desinfectante.

8.7.d. Un caso práctico: estudio en tomate

En el mes de junio de 2016, comenzamos un ensayo con la Universidad Politécnica de Madrid en tomates y pepinos regados con agua ozonizada, a fin de comprobar la eficacia del ozono en la eliminación de nemátodos. A pesar de no tener aún datos sobre este punto, lo que sí se observó fue un mayor crecimiento, estadísticamente significativo, en las plantas de tomate regadas con agua 100% ozonizada.

Esto es un dato interesante ya que, normalmente, los sistemas de ozonización de agua de riego tratan únicamente un 40% del agua, mientras que, con nuestro sistema patentado, es posible conseguir ozonizar la totalidad del agua de riego, lo que implica grandes ventajas en crecimiento y vigor de las plantas, como ha reflejado este estudio preliminar.

A continuación se expone un resumen de dicho estudio.

Diseño experimental

Se realizarán los ensayos en Tomate. Se compararán tres tratamientos Ozono1, Ozono2 y Testigo. Se realizan 3 repeticiones por tratamiento. Dado que se debe destruir 3-4 plantas por repetición y tratamiento, cada repetición y tratamiento se compondrá por 12 plantas.

Valores que serán medidos semanalmente serán:

- Altura del cultivo (medida como medida indirecta del Vigor)
- Producción
- Contenido de clorofila SPAD

La variedad de tomate sobre la que se hace el ensayo es Marmalindo injertado. Este tomate es un tipo de tomate indeterminado marmande de fruto asurcado y de peso de fruto de 120 a 180 g.

Los marcos de plantación para el tomate son de 70 x 100 cm obteniendo una densidad de plantación de 14285 plantas/ha.

Se colocan en cada especie tres sectores de riego en el que se aplican:

- **Dosis 0** (sin tratamiento ozono)
- **Ozono 1** (Ozonizando un 40% del agua de riego)
- **Ozono 2** (Ozonizando el 100% del agua de riego con la patente de Cosemar).

El ozono se inyecta al agua de riego por medio de una máquina propiedad de Cosemar Ozono en las dos dosis variables de ozono 1 y ozono 2.

El sistema de riego utilizado es cinta de gotero de separación 1 m entre calles y la separación de gotero de 0,1 m. La dosis de agua aplicada diaria durante los meses del ensayo ha sido de 6.65 L/m^2

Resultados

Aunque las producciones se encuentran en la fase final del cultivo, **se observa como la media de producción y altura del tomate del tratamiento Ozono 2 se encuentra ligeramente por encima de los otros dos tratamientos** con media de 0,81 kg/planta frente a 0,71 y 0,66 kg/planta del tratamiento control y Testigo.

Especie	Variable	Tratamiento	Plantas	Media	Desviación típica	Error típico	Intervalo de confianza para la media al 95%		Mínimo	Máximo
							Límite inferior	Límite superior		
TOMATE	Peso acumulado (kg/planta)	Control	12	0,71	0,27	0,08	0,54	0,88	0,44	1,28
		OZONO 1	12	0,66	0,39	0,11	0,42	0,91	0,00	1,37
		OZONO 2	12	0,86	0,41	0,12	0,59	1,12	0,30	1,55
TOMATE	Altura de planta (m)	Control	12	2,51	0,13	0,04	2,43	2,59	2,34	2,73
		OZONO 1	12	2,46	0,10	0,03	2,40	2,53	2,36	2,76
		OZONO 2	12	2,68	0,13	0,04	2,60	2,76	2,46	2,87

Para determinar si existen diferencias significativas para el nivel del 95% entre las medias de los tratamientos considerados se procede a realizar un análisis de varianza (ANOVA) de un factor (tratamientos) en cada una de las variables analizadas Tabla 4.

Especie	Variable	Asociación	Suma de cuadrados	Grados de Libertad	Media cuadrática	F	Significación
TOMATE	Peso amululado (kg/planta)	Inter-grupos	0,25	2,00	0,12	0,93	0,41
		Intra-grupos	4,37	33,00	0,13		
TOMATE	Altura de planta (m)	Inter-grupos	0,32	2,00	0,16	10,92	0,00
		Intra-grupos	0,48	33,00	0,01		

Tabla 4. Análisis de varianza de ANOVA de un factor para un nivel de significación de un 95%, para los diferentes tratamientos considerados.

Se puede observar cómo, en el caso del tomate, existen diferencias en la altura del cultivo y que estas diferencias son significativas. Tras ver que los análisis de ANOVA muestran diferencias significativas se procede a realizar el "Test de menos diferencia significativa" y se puede llegar a la conclusión que **los tomates tratados con Ozono 2 difieren del Ozono 1 y del Control. Por lo que se puede decir que la altura de las plantas tratadas con el Ozono 2 es ligeramente mayor y significativa.**

Para ilustrar las tendencias que se han producido en las Fig. 5 y 6 se reflejan esas tendencias.

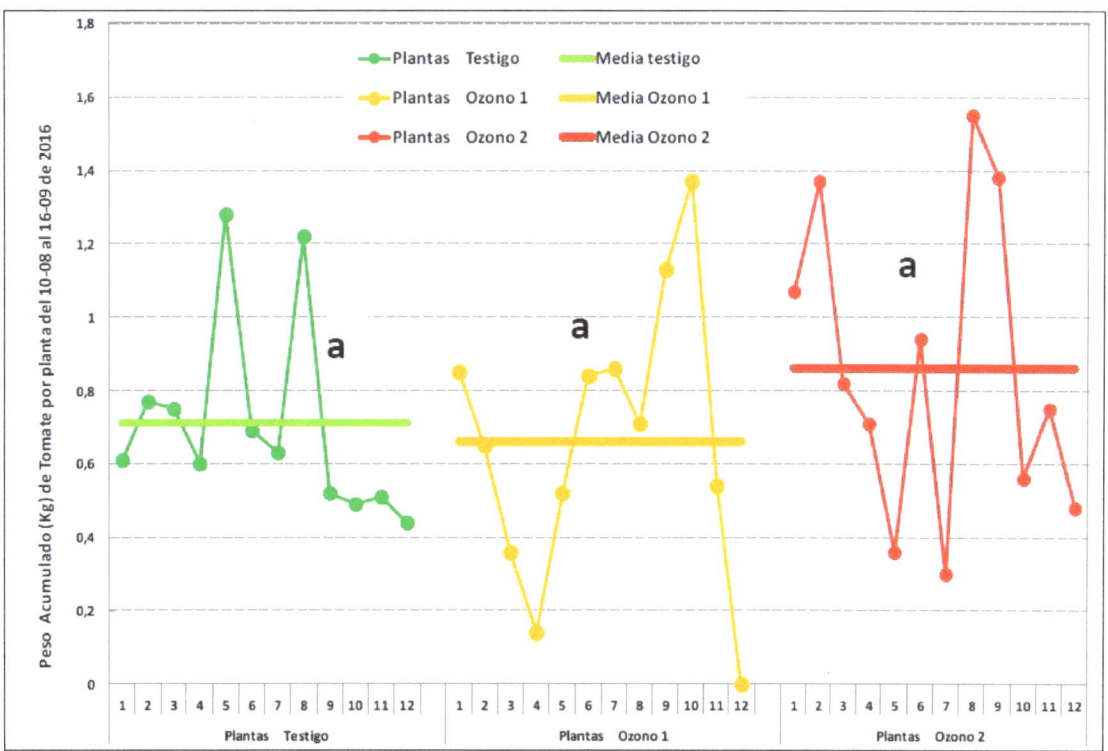

Fig. 5. Peso Acumulado (kg) por planta de Tomate desde 10-08 al 16-09 de 2016. Letras iguales no presentan diferencias significativas al nivel del 95% tras el test de MDS.

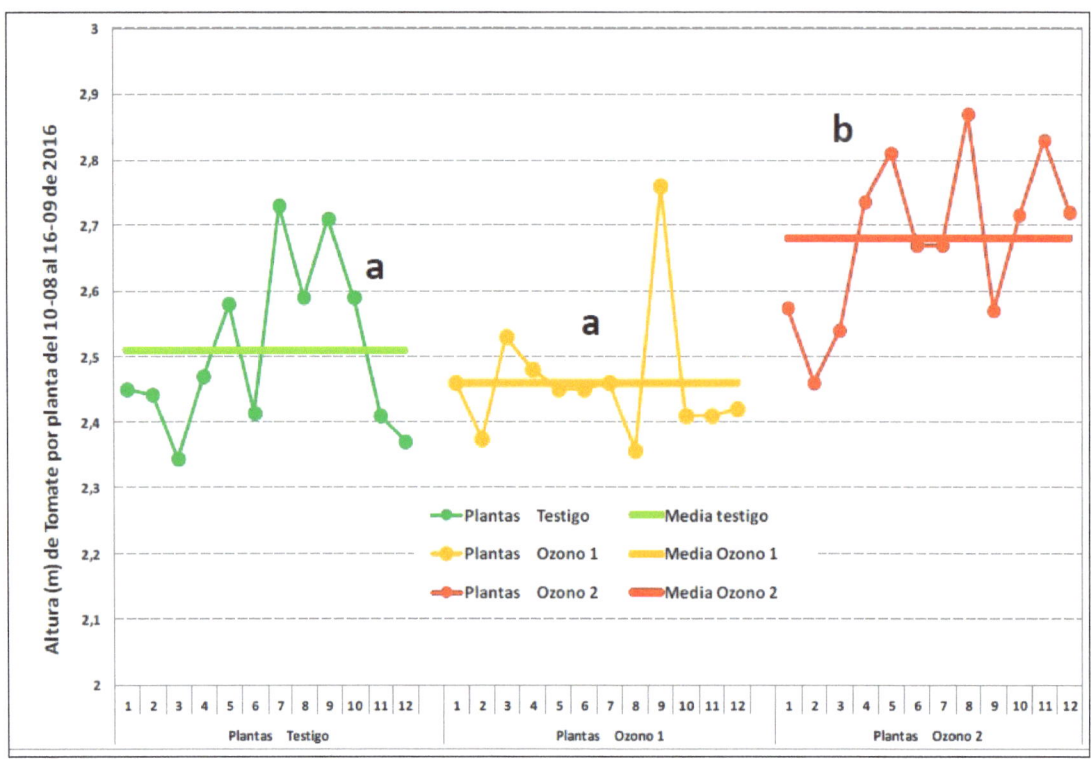

Fig. 6. Altura (m) por planta de Tomate desde 10-08 al 16-09 de 2016. Letras iguales no presentan diferencias significativas al nivel del 95% tras el test de MDS.

Conclusiones preliminares

Ya que en el ensayo quedan muchos parámetros por medir y se empezó muy tarde, las conclusiones finales se deben tomar como tendencias.

Así, se ha observado una tendencia positiva en la altura de la planta de tomate (variable relacionada con el vigor) tras la aplicación de ozono a las dosis más altas. Tras los análisis estadísticos se observa que las diferencias entre esas plantas son estadísticamente significativas al nivel del 95 % tras los análisis ANOVA. **También se mostraba esa tendencia de peso acumulado de fruto** aunque no se vieron diferencias significativas.

El investigador principal concluye: *"Recomendaría plantear un ensayo similar para demostrar esta tendencia y en cualquier caso pensar en la dosis de Ozono 2 como la más efectiva en el ensayo realizado".* Actualmente se están realizando estudios más amplios sobre el tema con la Universidad de Cartagena (Murcia).

9. MATERIALES COMPATIBLES CON EL OZONO

El ozono es fuertemente oxidante por lo que no es compatible con todos los materiales.

En la siguiente tabla se puede observar la relación de compatibilidad de algunos materiales con el ozono:

ABS plástico	B
Aluminio	C (Ozono húmedo); B (Ozono seco)
Latón	B
Bronce	B
Buna-N (Nitrato)	D
Butilo	**A**
Hierro fundido	C
Cobre	B
CPVC (Policloruro de vinilo clorado)	**A Se vuelve frágil**
Polietileno Cruzado (PEX)	**A**
Duracloro-51	**A**
EPDM (Etileno Propileno Dieno)	B (Ozono seco); C (Ozono húmedo)
EPR (caucho etileno propileno)	**A**
Etileno - propileno	**A**
Plásticos Reforzados con Fibra (FRD)	D
Flexeleno	B
Fluorosilicona	**A**
Acero galvanizado	C
Cristal	**A**
HDPE (Polietileno de alta densidad)	**A**
LDPE	B
Magnesio	D
Monel	C
Caucho natural	D
Neopreno	C
Nylon	D
PEEK	**A**
Poliacrilato	B
Poliamida (PA)	C
Policarbonato	**A**
Polipropileno	C
Polisulfuro	B
Poliuretano	**A**
PVC- Policloruro de vinilo	**A (Ozono en agua) frágil; B (Ozono en aire) frágil**
PVDF	**A**
Silicona	**A**
Acero inoxidable - 304/316	**A**
Acero inoxidable - otros grados	B
Acero (Suave)	D
PTFE (Teflón)	**A**
Titanio	**A**
Vitón	**A**
Zinc	D

✓ **A: Excelente**

El ozono no tiene ningún efecto sobre estos materiales. Durarán indefinidamente en contacto con el gas.

✓ **B: Bueno**

El ozono tiene un efecto menor en estos materiales. El uso prolongado con altas concentraciones de ozono descompondrá o corroerá estos materiales más allá de su utilidad.

✓ **C: Regular**

El ozono descompondrá estos materiales en cuestión de semanas de uso. El uso prolongado con cualquier concentración de ozono degradará o corroerá estos materiales más allá de su utilidad.

✓ **D: Pobre**

El ozono descompondrá estos materiales en cuestión de días.

10. DUDAS Y MENTIRAS FRECUENTES

Las hemos oído todos. Este es el momento de dejar las cosas claras. A continuación reflejamos una lista con algunas de las falacias sobre el ozono que hemos escuchado a lo largo de los años, y las preguntas que, con más frecuencia, nos plantean respecto a uso.

Aunque algunas de ellas deberían haber quedado ya resueltas llegados a este punto, nos permitimos insistir.

El ozono oxida las tuberías metálicas

Esta afirmación evoca una imagen de agua ozonizada corriendo a través de las tuberías y, cuando llegas a la mañana siguiente, están todas roñosas. No es el caso. El nivel de pH tiene más efecto sobre las tasas de corrosión de metales que la mayoría de los niveles de ozono disuelto aceptados por la industria. Si bien es un potente oxidante, el ozono tiene un efecto mínimo sobre las tasas de corrosión. Las tuberías de hierro que transportan gas ozono, aunque no se recomiendan, durarán meses o años, antes de que se presente corrosión notable. Las tuberías de hierro para agua ozonizada, a pesar de no estar recomendadas, pueden durar años antes de necesitar reemplazo. Para el agua ozonizada, tuberías de hierro se oxidan más rápido que con agua sólo con oxígeno.

El cielo es azul debido al ozono

Vale, esto no tiene nada que ver con nuestro negocio, pero lo hemos oído mencionar antes, de manera que lo abordaremos.

A pesar de que el ozono es un gas azul, el cielo es azul por una razón muy distinta:

El color azul del cielo es debido a la dispersión de Rayleigh. La luz azul tiene una longitud de onda más corta que los otros colores del arco iris. Esta luz azul es absorbida por las moléculas de gas de la atmósfera. La luz azul absorbida se irradia en direcciones diferentes. Se dispersa por todo el cielo. Sea cual sea la dirección a la que mires, algo de esta luz azul dispersa te alcanza. Puesto que vemos la luz azul por todas partes encima de nosotros, el cielo parece azul.

El ozono no tiene residual

Esto también es falso, pero necesita aclaración. El ozono tiene una vida media extremadamente corta. Esta corta vida media hace que sea muy reactivo y excelente para eliminar patógenos. En agua muy limpia, el ozono puede durar varias horas[15].

En la mayoría de las aplicaciones de procesado de alimentos, la vida media del ozono es de 10 a 20 minutos. Para las aplicaciones de aguas residuales, el ozono residual depende de la carga orgánica; una alta carga orgánica resulta en una corta vida media del ozono.

En 2003, Manassis Mitrakas informó de que el ozono puede permanecer en una botella hasta 6 horas ¡con una dosis de ozono de 0,10 ppm!

El ozono es cancerígeno

NO. Como hemos expuesto en el capítulo dedicado a seguridad y normativa, el ozono es únicamente un agente irritante (Xi), según la clasificación de su ficha toxicológica, Esta clasificación como agente irritante se refiere **exclusivamente a sus concentraciones en aire**, es decir, a los problemas derivados de su inhalación, que dependen de la concentración a la cual las personas están expuestas, así como del tiempo de dicha exposición. De hecho, la normativa emitida por la OMS, en la que se basa el resto de la normativa, incluidos los límites de exposición profesional para agentes Químicos en España **VLA (Valores Límite Ambientales)**, adoptados por el Instituto Nacional de Seguridad e Higiene en el Trabajo. (Ministerio de Empleo y Seguridad Social), recomiendan una concentración máxima de ozono en aire, para el público en general, de 0,05 ppm (0,1 mg/m^3) en exposiciones de 8 horas.

Por tanto, el ozono no es de ningún modo cancerígeno ni mutagénico ni está clasificado como tal.

¿El ozono es bueno o malo para la salud?

En sí mismo el ozono no es ni bueno ni malo para la salud, son sus efectos sobre los microorganismos y numerosos compuestos químicos nocivos lo que resulta beneficioso.

Se ha hablado y escrito mucho sobre la bondad de utilizar el ozono en procesos de descontaminación de aire y agua, así como en procesos de desodorización en general; se ha escrito mucho menos sobre toxicidad, pero también existe suficiente bibliografía sobre

---

[15] *Manassis Mitrakas, Athanasios Patsos, et al, "Effect of Temperature on CT value and Bromate Formation During Ozonation of Bottled Water" *Fresenius Environmental Bulletin*; 2008 Vol. 17 Numb. 3, pgs. 341-346

este tema. Todo ello ha llevado a los diferentes países avanzados a establecer unas condiciones y unos máximos y mínimos para la exposición de personas a bajas concentraciones de ozono ya que podría resultar tóxico a elevadas concentraciones y durante períodos de exposición prolongados; realmente lo mismo podríamos decir del oxígeno y es un gas vital para el ser humano. Parafraseando a Paracelso, padre de la medicina, **el problema no son los venenos, el problema son las dosis**.

¿Cuánto ozono es bueno?

Como en el caso de cualquier otro compuesto, la cantidad de ozono beneficiosa para la salud depende de innumerables factores como la cantidad de materia orgánica presente en el medio en el que se aplica (suciedad), temperatura, humedad, el medio en el que se disuelve el O_3, etc.

Por regla general, disuelto en agua el ozono es completamente inocuo, mientras que en aire la única precaución que hay que tener a la hora de aplicar tratamientos de desinfección a base de ozono es la de no superar los límites máximos establecidos por la normativa, para exposiciones de 8 horas, en 0,05 ppm.

Beber agua ozonizada es bueno

A este respecto, hay opiniones dispares. Desde los que lo recomiendan con entusiasmo hasta para desintoxicar el organismo de metales pesados, hasta los que lo anatematizan como causante de envejecimiento prematuro si es ingerido. Tenemos incluso testimonios sobre la desaparición del *Helicobacter pylori* tan solo bebiendo agua ozonizada por las mañanas.

Por nuestra parte, y al no haber estudios epidemiológicos suficientes de momento, aconsejamos aplicar el *principio de precaución* que respalda la adopción de medidas protectoras ante la posibilidad de que ciertos productos puedan suponer un riesgo para la salud, aunque no se cuenta todavía con una prueba científica definitiva de tal riesgo.